4
PRIMAIRE

Vaincre

GÉOMÉTRIE

CAROLINE BROODCOORENS • ÉLISE DEPIEREUX

Érasme

Vaincre Géométrie - 4

Érasme SA - Place Baudouin Ier, 2 B - 5004 Namur

Directeur de collection : Joseph Maquoi
Auteures : Caroline Broodcoorens, Élise Depiereux
Éditrice : Amélie Ménard
Suivi éditorial : Cécile Cavaleri
Maquette : Charlotte Jansen
Mise en pages : Crius Group
Illustrations : Delphine Berthier

www.editionserasme.be/vaincre

978-2-87438-388-5
D/2015/0132/69
EB4631-4/122014

Note de l'éditeur : malgré nos recherches, nous n'avons pas pu joindre tous les ayants droit des textes et illustrations reproduits dans cet ouvrage. Qu'ils trouvent ici invitation à nous contacter.

Table des matières

1. Observe le plan de cette classe. Quels sont les élèves qui prononcent les affirmations suivantes ? Note tes réponses.

- Je suis près de la fenêtre, à la dernière rangée. ....
- Je suis le plus proche de la porte. ....
- Je me trouve à droite de Jules. ....
- Mon voisin de gauche est Tom. ....
- Je suis juste derrière Tao. ....

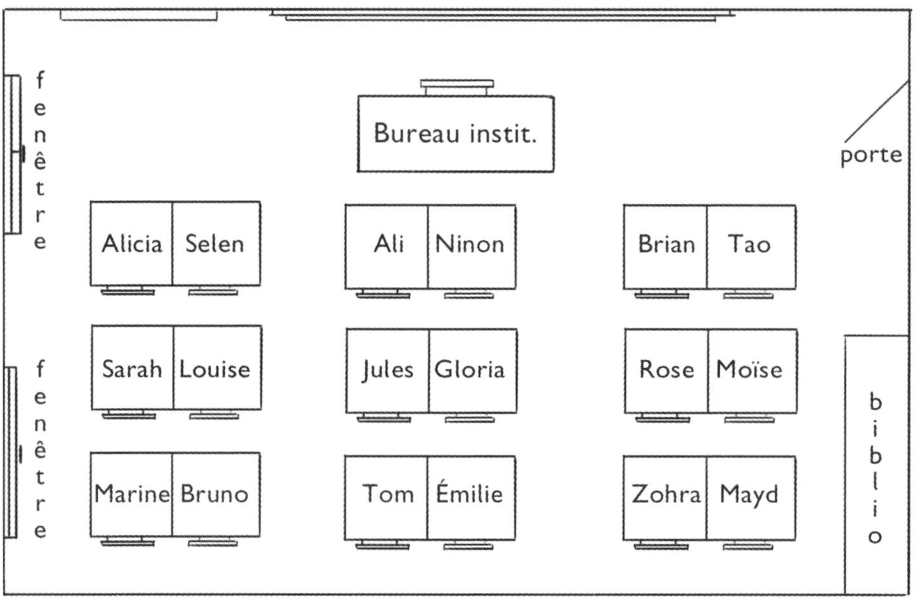

2. Découpe les objets situés à la page 45 de ton cahier. Colle-les sur le plan de la classe ci-dessus. Respecte les consignes suivantes.

Le pot de fleurs est à droite du bureau de l'institutrice.
Gloria a déposé son cartable à sa droite.
La petite armoire est entre les deux fenêtres.
Les deux poubelles sont à gauche de la porte en entrant.

3. Trace le trajet de Lola en rouge sur l'illustration suivante.

Lola part de son école rue Léopold et doit se rendre au musée. Sur le chemin, elle doit rendre un livre à la bibliothèque, puis elle rencontre son ami Tchad devant le cinéma.

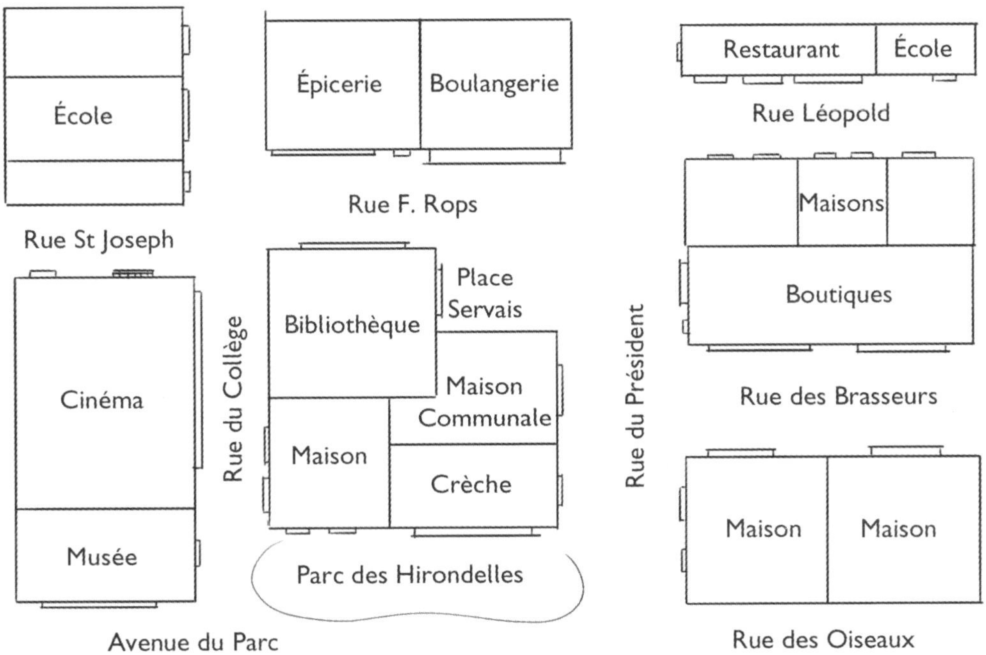

4. Complète le texte ci-dessous, qui décrit le trajet emprunté par Lola.

Lola a suivi la rue .... Elle a tourné à .... dans la rue du Président, puis directement à .... rue F. Rops. Après s'être rendue à la bibliothèque, elle a tourné une dernière fois à .... pour rejoindre le musée rue du ....

5. Quatre enfants observent cette construction depuis un endroit différent. Écris le prénom de chaque enfant sous l'illustration de la construction telle qu'il la voit.

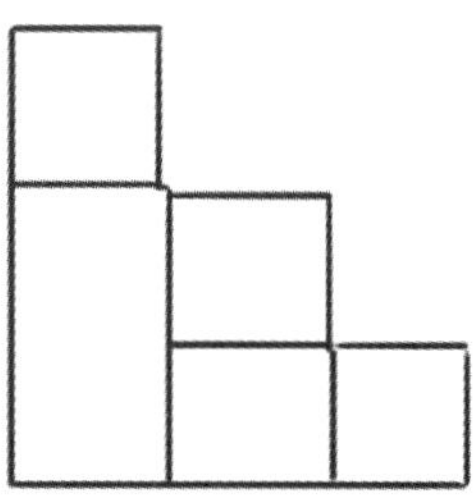

a) ....

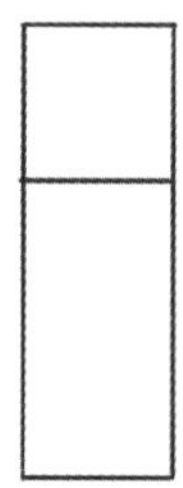

b) ....

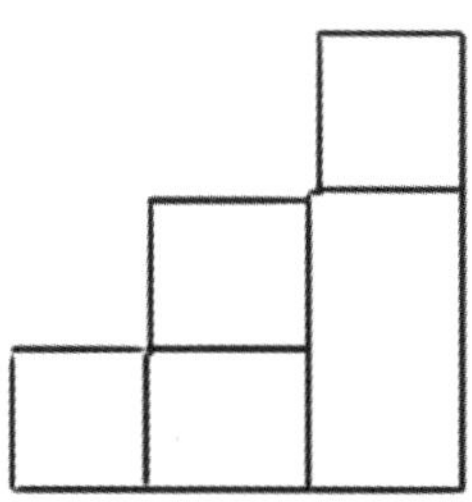

c) ....

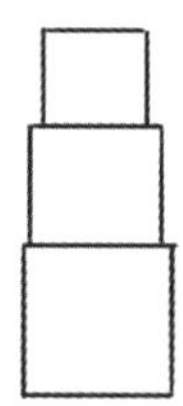

d) ....

6. Voici une grille. Réalise les consignes suivantes.

a) Il y a un ferry situé sur les cases A2, A3 et A4. Colorie-le en vert.

b) Une péniche se trouve en F3,G3, H3 et I3. Colorie-la en rouge.

c) Quelles cases le voilier occupe-t-il ? ....

d) Quelles cases occupe le paquebot ? ....

e) Représente un bateau de croisière en jaune. Il commence en D1 et se termine en D5.

<table>
<tr><td></td><td>A</td><td>B</td><td>C</td><td>D</td><td>E</td><td>F</td><td>G</td><td>H</td><td>I</td></tr>
<tr><td>1</td><td></td><td></td><td></td><td></td><td></td><td></td><td></td><td></td><td></td></tr>
<tr><td>2</td><td></td><td></td><td></td><td></td><td></td><td></td><td></td><td></td><td></td></tr>
<tr><td>3</td><td></td><td></td><td></td><td></td><td></td><td></td><td></td><td></td><td></td></tr>
<tr><td>4</td><td></td><td></td><td></td><td></td><td></td><td></td><td></td><td></td><td></td></tr>
<tr><td>5</td><td></td><td></td><td></td><td></td><td></td><td></td><td></td><td></td><td></td></tr>
<tr><td>6</td><td></td><td></td><td></td><td></td><td></td><td></td><td></td><td rowspan="3">VOILIER</td><td></td></tr>
<tr><td>7</td><td></td><td></td><td colspan="3">PAQUEBOT</td><td></td><td></td><td></td></tr>
<tr><td>8</td><td></td><td></td><td></td><td></td><td></td><td></td><td></td><td></td></tr>
</table>

7. Déplace-toi dans la grille ci-dessous. Respecte les consignes suivantes.

- Trace une croix au point de départ en A3.
- À partir de là, colorie en vert toutes les cases de cette rangée jusqu'en A8.
- Juste en-dessous de la case A8, colorie la case en bleu.
- Descends ensuite de trois cases.
- Tu te trouves dans la case .... Colorie cette case en vert.
- Déplace-toi de six cases vers la gauche et trace une croix.
- Descends enfin de cinq cases.
- Si tu n'as pas fait d'erreur tu dois te trouver en J2.
- Dessines-y un bonhomme.

	1	2	3	4	5	6	7	8
A								
B								
C								
D								
E								
F								
G								
H								
I								
J								

1. Complète la définition suivante en utilisant les mots proposés : *hauteur – place – trois.*

Un solide est un objet en .... dimensions : longueur, ... et largeur. Il occupe donc de la .... dans l'espace.

2. Dans les colonnes ci-dessous :

a) Relie les noms de solides à leur illustration.

b) Une illustration n'a été reliée à aucun nom de solide. Quel est le nom de ce solide ? ....

Sphère •	• 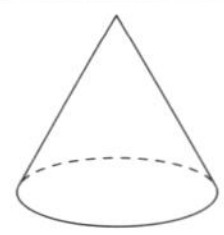
Cylindre •	• 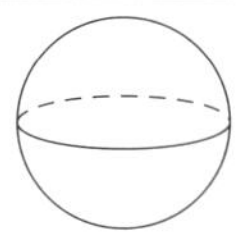
Cube •	• 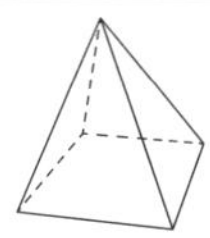
Parallélépipède rectangle •	• 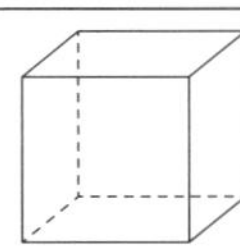
Prisme •	• 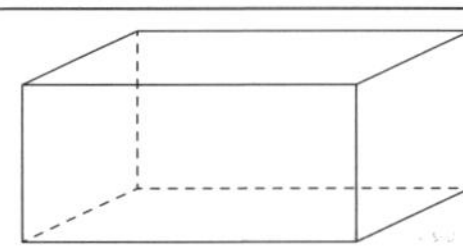
Cône •	• 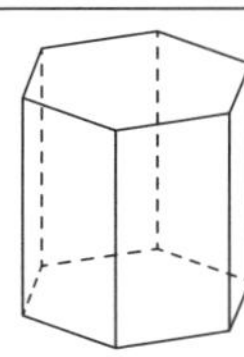
.... •	• 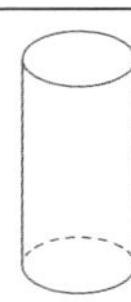

1. Colorie, parmi toutes ces illustrations :

a) les polyèdres en bleu,
b) les non-polyèdres en rouge.

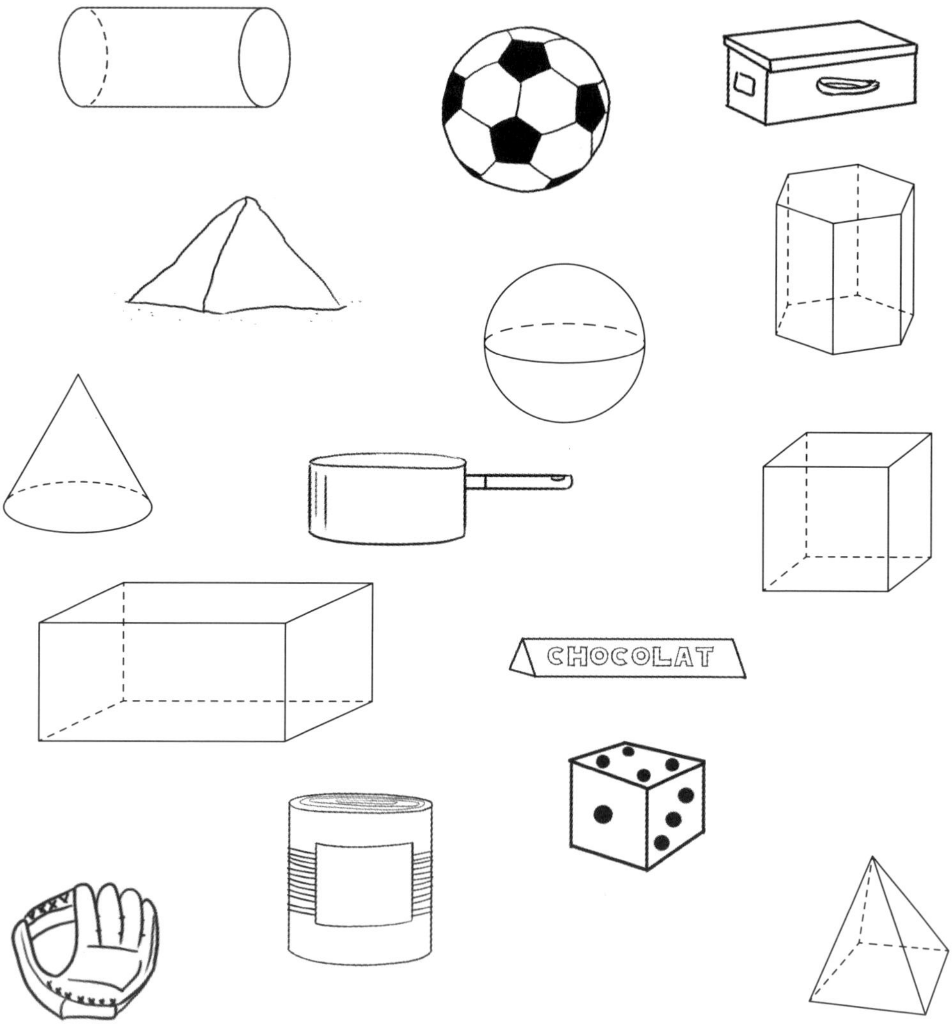

Un polyèdre est un solide dont <u>toutes</u> les faces sont planes (plates).
Un non-polyèdre a <u>au moins</u> une face arrondie.

1. Observe bien chaque solide et complète le tableau suivant.

Solides	Nombre de faces	Nombre d'arêtes	Nombre de sommets
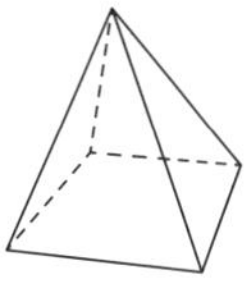			
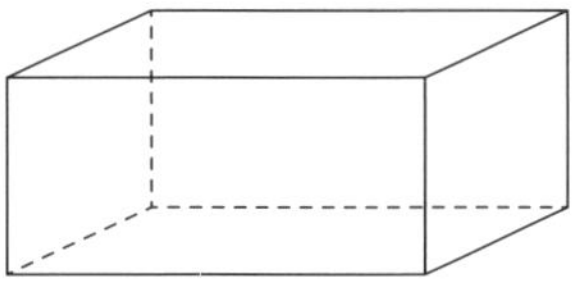			
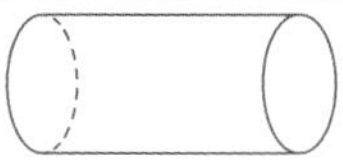			
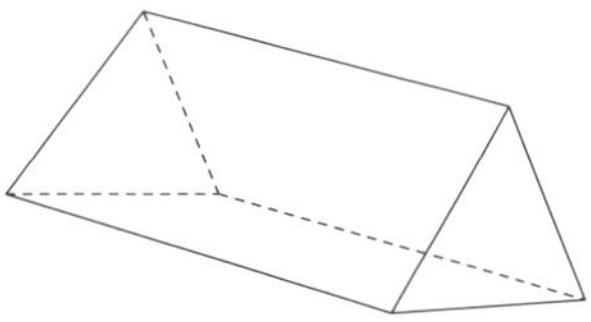			
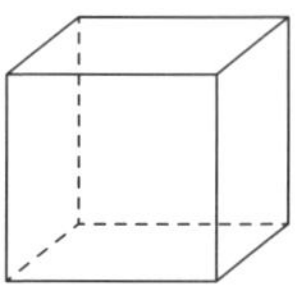			
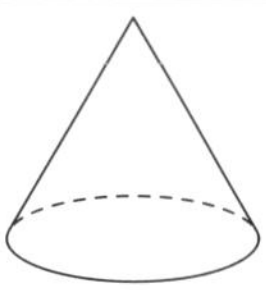			

1. Entoure le matériel dont tu as besoin pour construire chaque solide.

a) pour construire un cube :

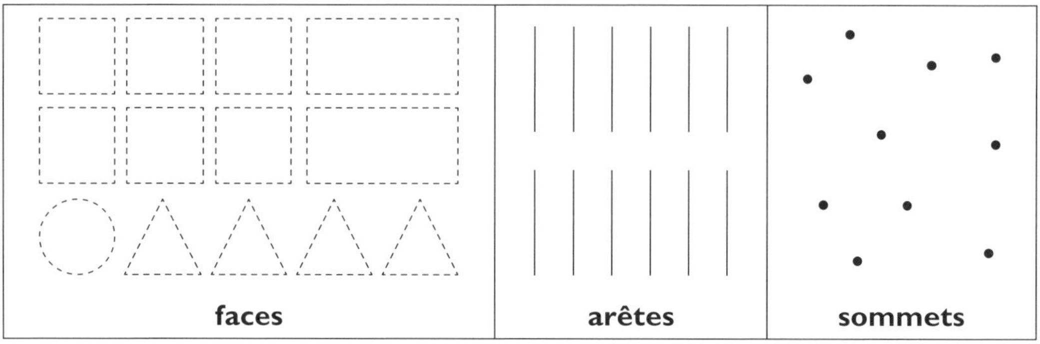

b) pour construire un parallélépipède rectangle :

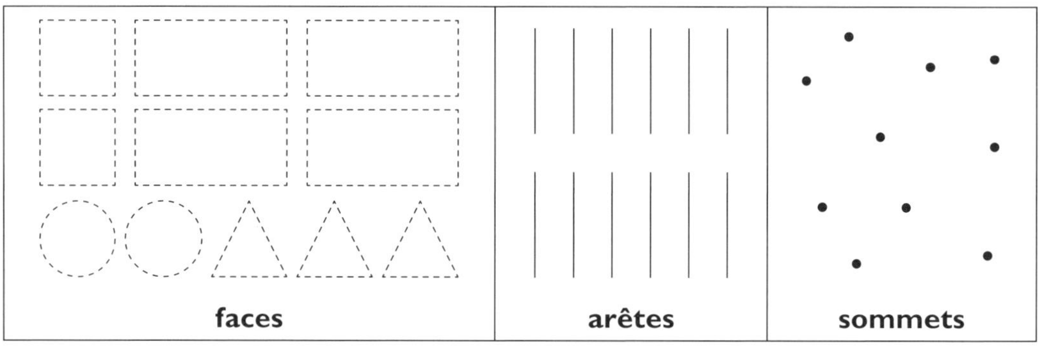

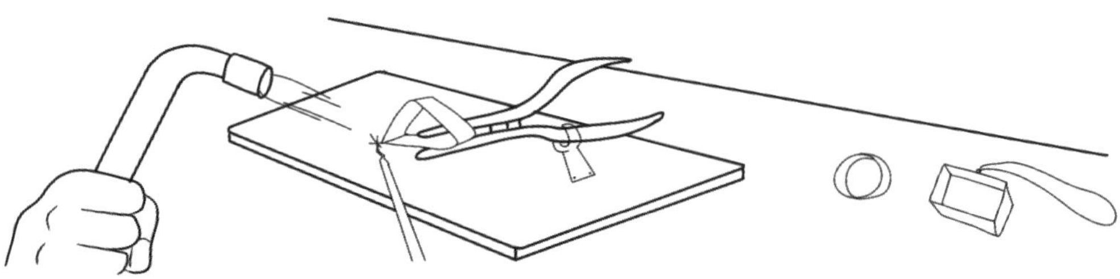

2. Construis un solide. Découpe le rectangle quadrillé à la page 45 de ton cahier. Sur cette annexe découpée, reproduis l'illustration ci-dessous. Tu dois multiplier toutes ses dimensions par deux (un carré du modèle équivaut à deux carrés sur ton dessin). Découpe la surface ainsi obtenue sur les contours extérieurs uniquement (ceux qui sont en gras sur ton modèle). Plie chaque arête sur les pointillés et assemble les faces avec un peu de papier collant.

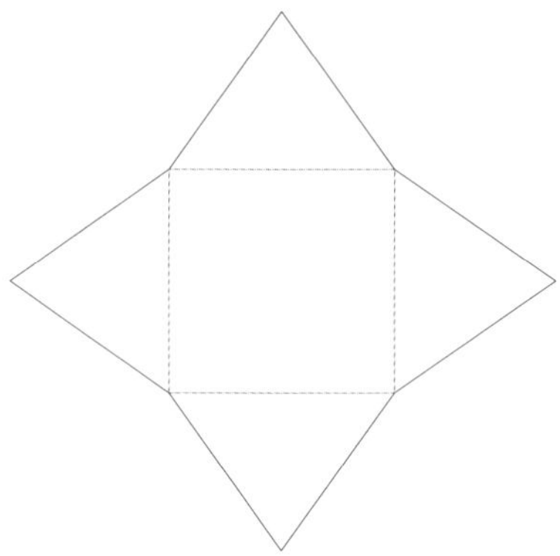

3. Quel solide as-tu obtenu ? ....

1. Trace en couleurs les éléments suivants sur l'illustration.

a) Trace en rouge deux segments parallèles.
b) Trace en vert deux segments perpendiculaires.

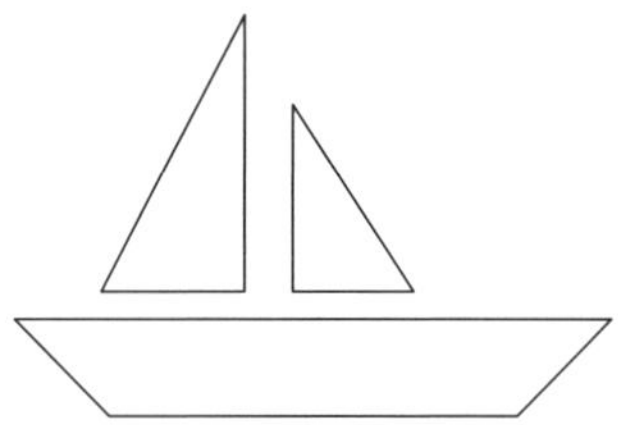

2. Trace une perpendiculaire à la droite donnée. Pour tracer une perpendiculaire, tu peux utiliser une équerre.

3. Trace une parallèle à la droite donnée. Pour tracer une parallèle, tu peux utiliser une règle.

4. Dans chacune des cases, trace en rouge une perpendiculaire à *B* et en vert une parallèle à *D*.

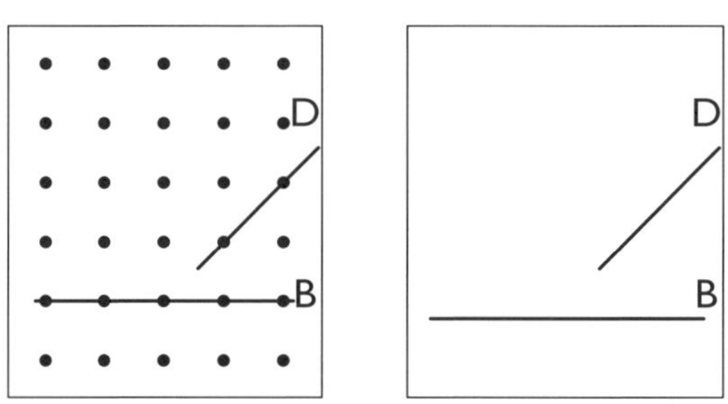

1. a) Lis attentivement le petit texte ci-dessous.

Un angle est l'espace compris entre deux demi-droites de même origine.
On mesure leur amplitude (écartement) en degrés (°) grâce à un rapporteur.

b) Complète les définitions par un de ces mots : *aigu – droit – obtus.*

Angle .... : amplitude de 90°
C'est l'angle de référence.

Angle .... : son amplitude est plus petite que celle de l'angle droit.

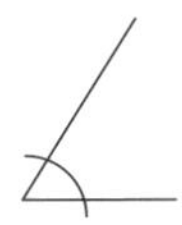

Angle .... : son amplitude est plus grande que celle de l'angle droit.

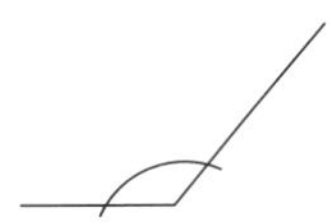

2. Dans ce dessin, repère et surligne :

- **trois angles droits en rouge,**
- **trois angles obtus en vert,**
- **trois angles aigus en bleu.**

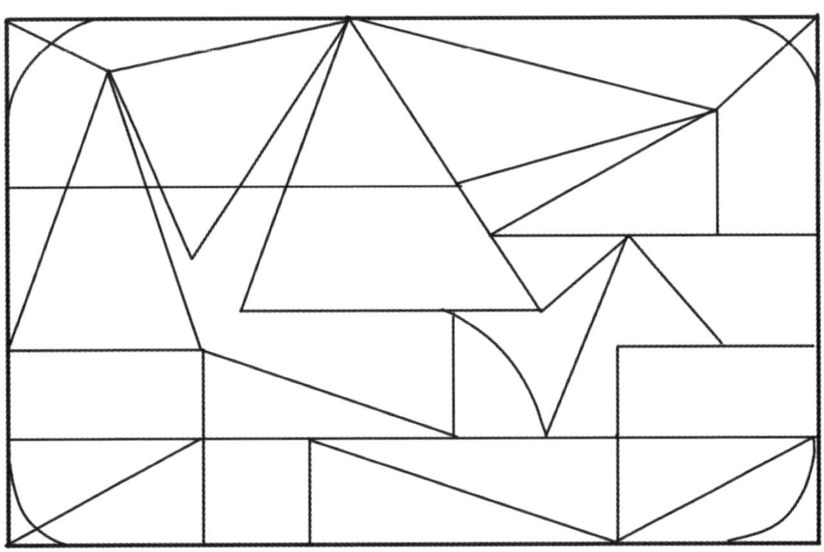

1. Trace chaque fois la deuxième demi-droite pour former des angles.

a) Forme deux angles droits :

b) Forme deux angles aigus :

c) Forme deux angles obtus :

2. Trace toi-même un angle aigu, un angle obtus et un angle droit.

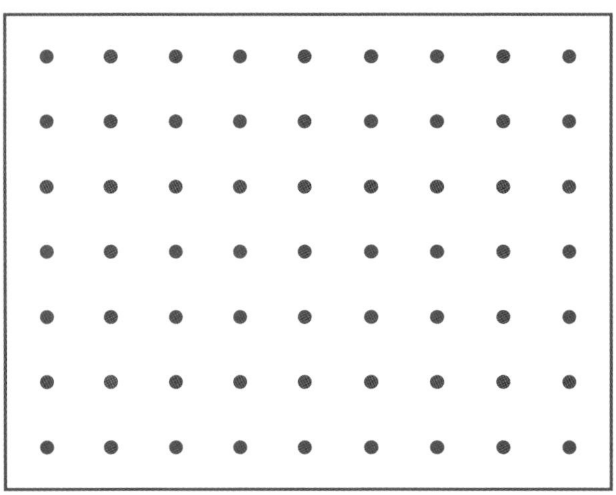

1. Relie les traces aux solides qui les ont laissées. Attention, certaines traces peuvent correspondre à plusieurs solides !

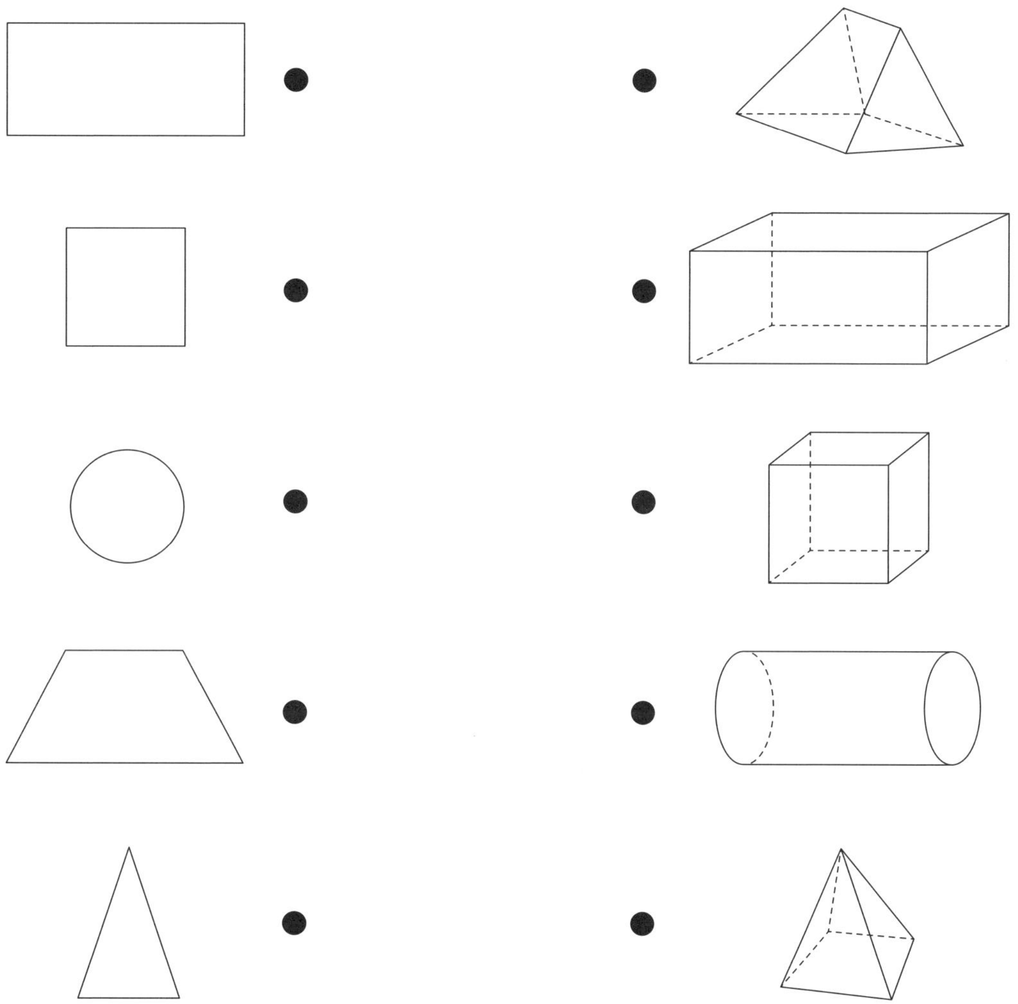

Je reconnais des polygones.

1. Complète les définitions avec les mots proposés.

fermée – arrondi – au moins – règle – figure

Un polygone est une .... tracée à la ....

Un non-polygone est une figure dont .... un côté est ....

2. Colorie en rouge les polygones et en vert les non-polygones.

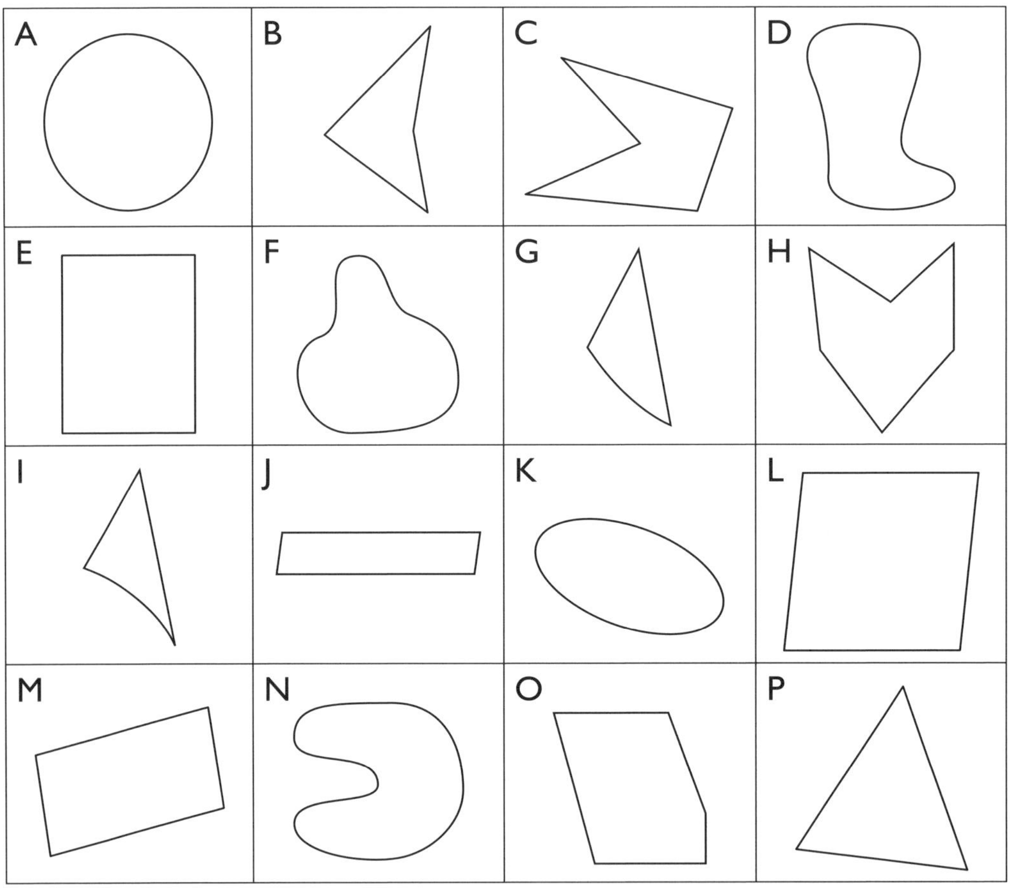

3. Découpe les figures de la page 47 de ton cahier. Colle-les au bon endroit dans le tableau.

Polygones	Non-polygones

4. Trace les côtés manquants pour obtenir ces figures.

a) des non-polygones :

b) des polygones :

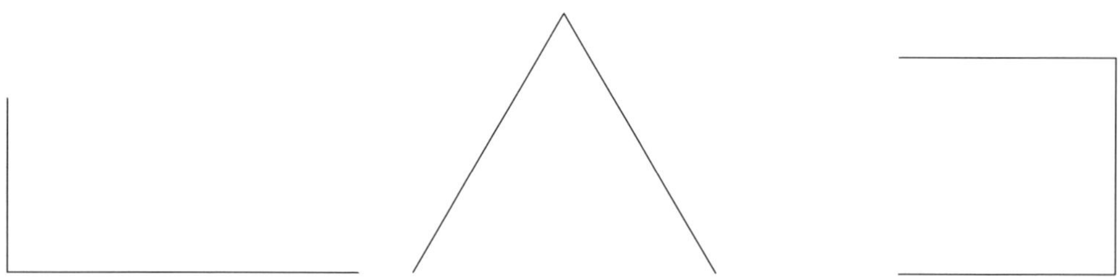

5. Voici des polygones.

a) Colorie en bleu les triangles et en rouge les quadrilatères.

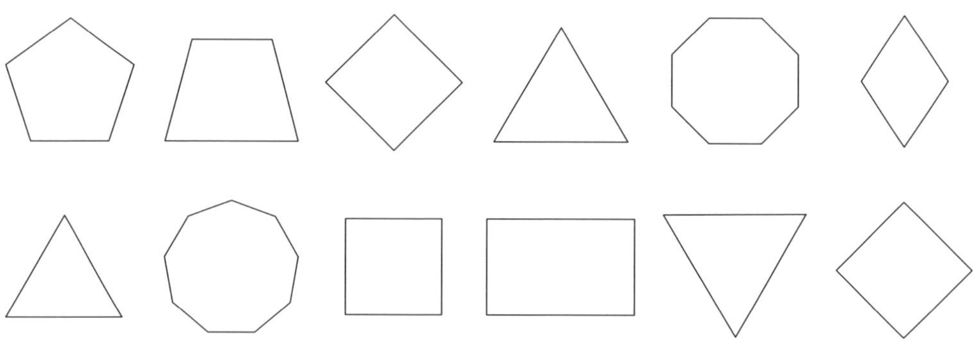

b) Réponds aux questions suivantes :

- Les triangles ont .... côtés.
- Les quadrilatères ont .... côtés.

Un <u>triangle</u> est un polygone à <u>trois côtés</u>. On peut classer les triangles de deux manières : selon les côtés ou selon les angles.

1. Colorie chaque fois le(s) triangle(s) demandé(s).

a) Triangle scalène : les trois côtés sont de mesures différentes.

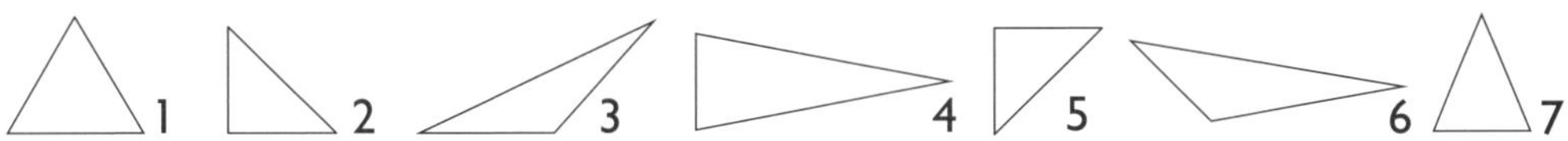

b) Triangle isocèle : deux côtés sont isométriques (de même mesure).

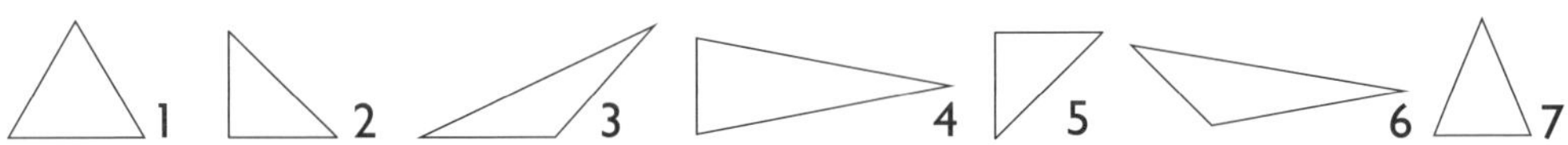

c) Triangle équilatéral : les trois côtés sont isométriques.

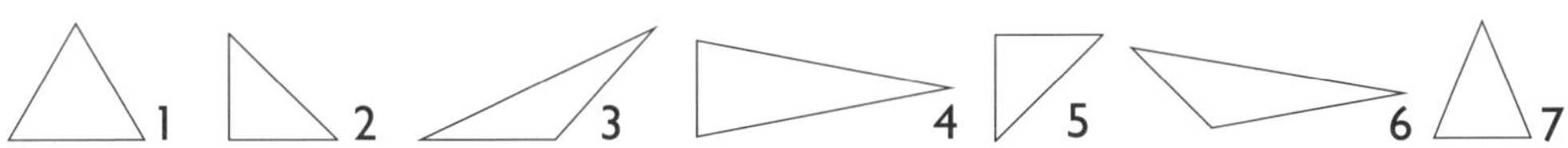

d) Triangle acutangle : il y a trois angles aigus.

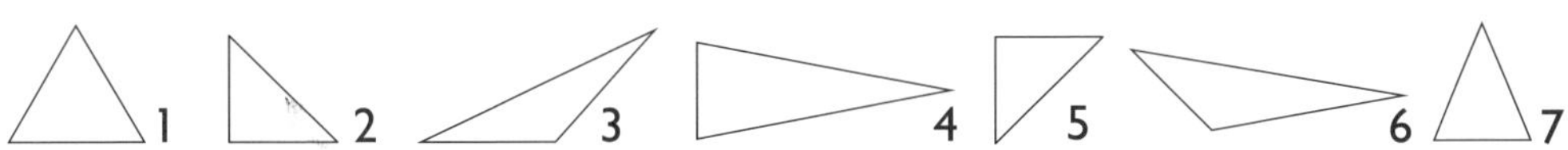

e) Triangle rectangle : il y a un angle droit (les autres sont aigus).

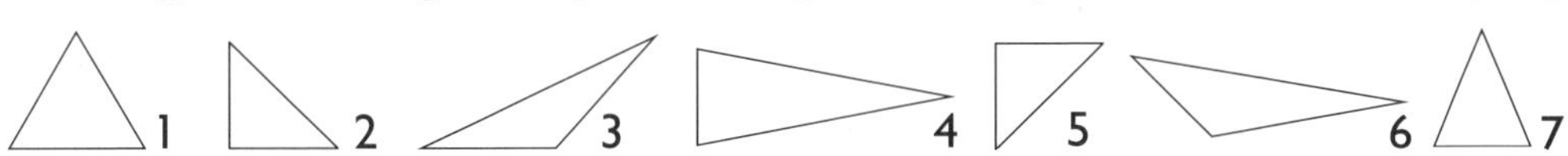

f) Triangle obtusangle : il y a un angle obtus (les autres sont aigus).

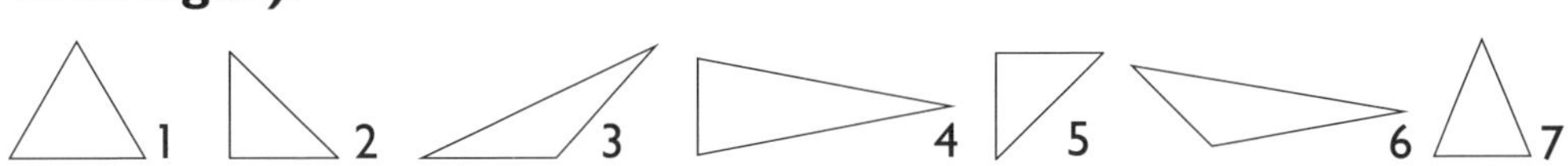

2. Comment nomme-t-on les trois triangles grisés ? Entoure la bonne proposition et écris l'explication.

a)

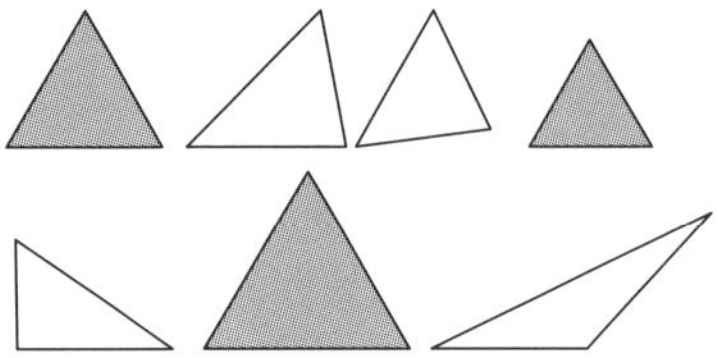

Ce sont tous les trois des triangles
- scalènes
- isocèles
- équilatéraux

car ....

b)

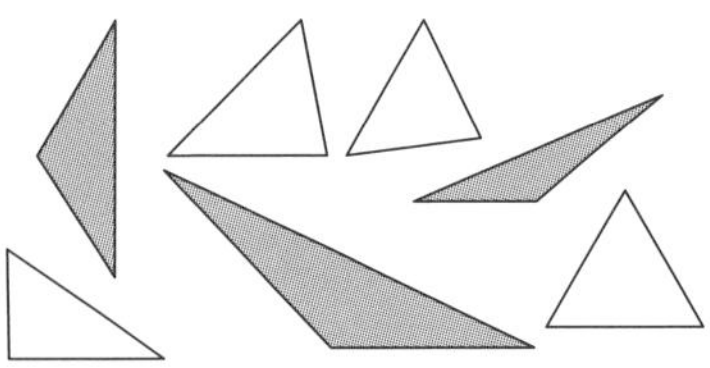

Ce sont tous les trois des triangles
- acutangles
- rectangles
- obtusangles

car ....

c)

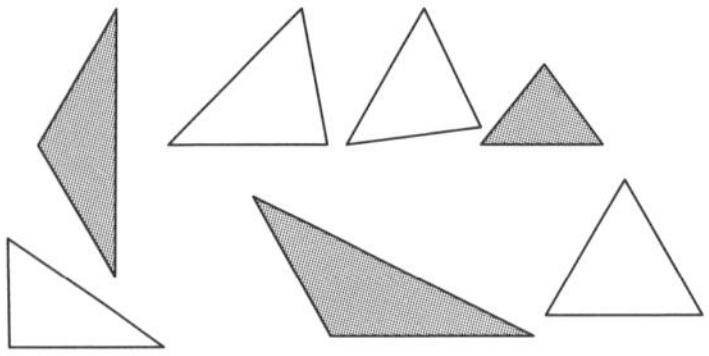

Ce sont tous les trois des triangles
- scalènes
- isocèles
- équilatéraux

car ....

1. Découpe les triangles de la page 47 de ton cahier. Colle-les ensuite dans le tableau suivant.

	scalène	isocèle	équilatéral
acutangle			
rectangle			
obtusangle			

Deux cases restent vides : c'est normal, ces triangles n'existent pas !

1. Trace un triangle isocèle dans chaque case.

2. Trace un triangle rectangle dans chaque case.

3. Repasse à la règle sur les pointillés pour obtenir :

- **en vert, un triangle obtusangle,**
- **en rouge, un triangle rectangle,**
- **en bleu un triangle équilatéral.**

Le côté en gras est commun à tous les triangles. Tu es obligé(e) de l'utiliser.

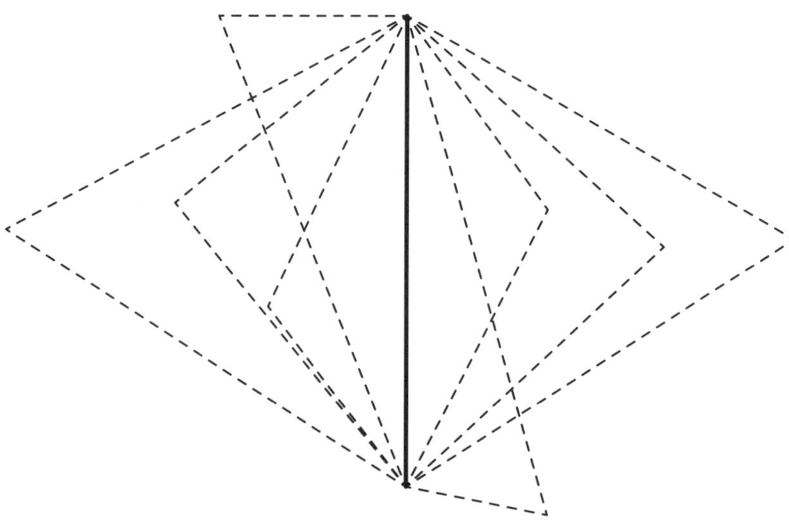

1. De quels triangles s'agit-il ? Complète les textes à trous. Aide-toi des illustrations.

A. 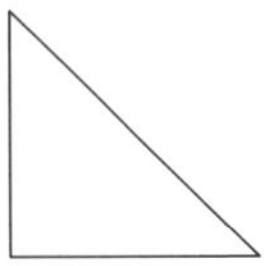

C. 

B. 

D. 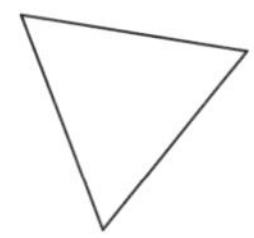

a) J'ai tous mes côtés de même mesure et mes trois angles sont aigus.

Je suis le triangle .... (A – B – C – D).

Je m'appelle triangle .... (noms)

b) J'ai deux côtés de même longueur mais le troisième est différent. Mes angles sont aigus.

Je suis le triangle .... (A – B – C – D).

Je m'appelle triangle .... (noms)

c) J'ai deux angles aigus et un angle obtus. Deux de mes côtés sont isométriques.

Je suis le triangle .... (A – B – C – D).

Je m'appelle triangle .... (noms)

2. Invente toi-même la description pour le dernier triangle.

....

....

....

....

3. Colorie le chemin de la souris pour arriver au fromage. Pour attraper son fromage, la souris passe seulement par les triangles rectangles !

1. Parmi les figures suivantes, colorie les quadrilatères.

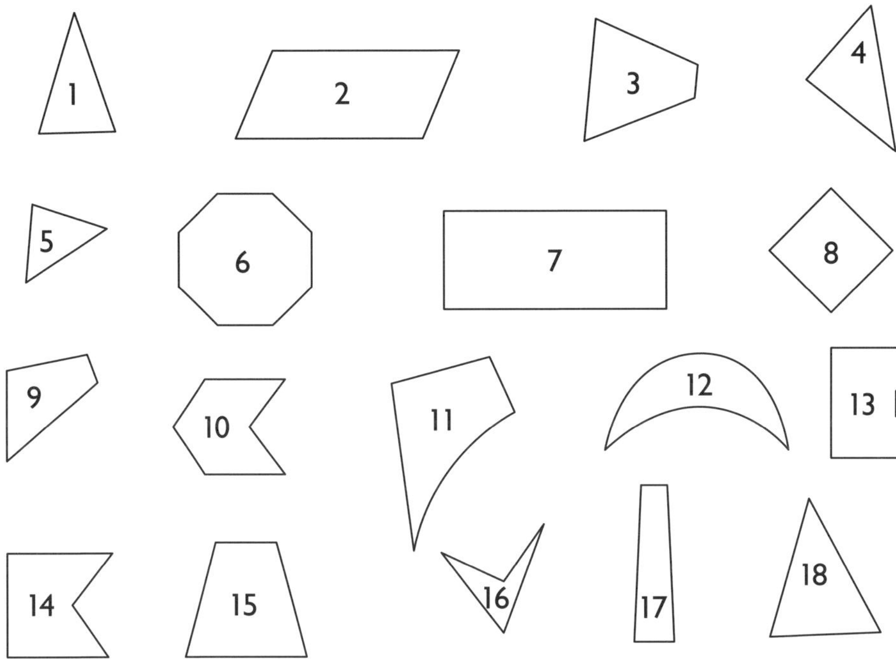

Un quadrilatère c'est ....

2. Écris, dans le tableau ci-dessous, les numéros des figures qui ne sont pas des quadrilatères.

Triangles	Autres

3. Termine ces figures pour obtenir les quadrilatères de ton choix.

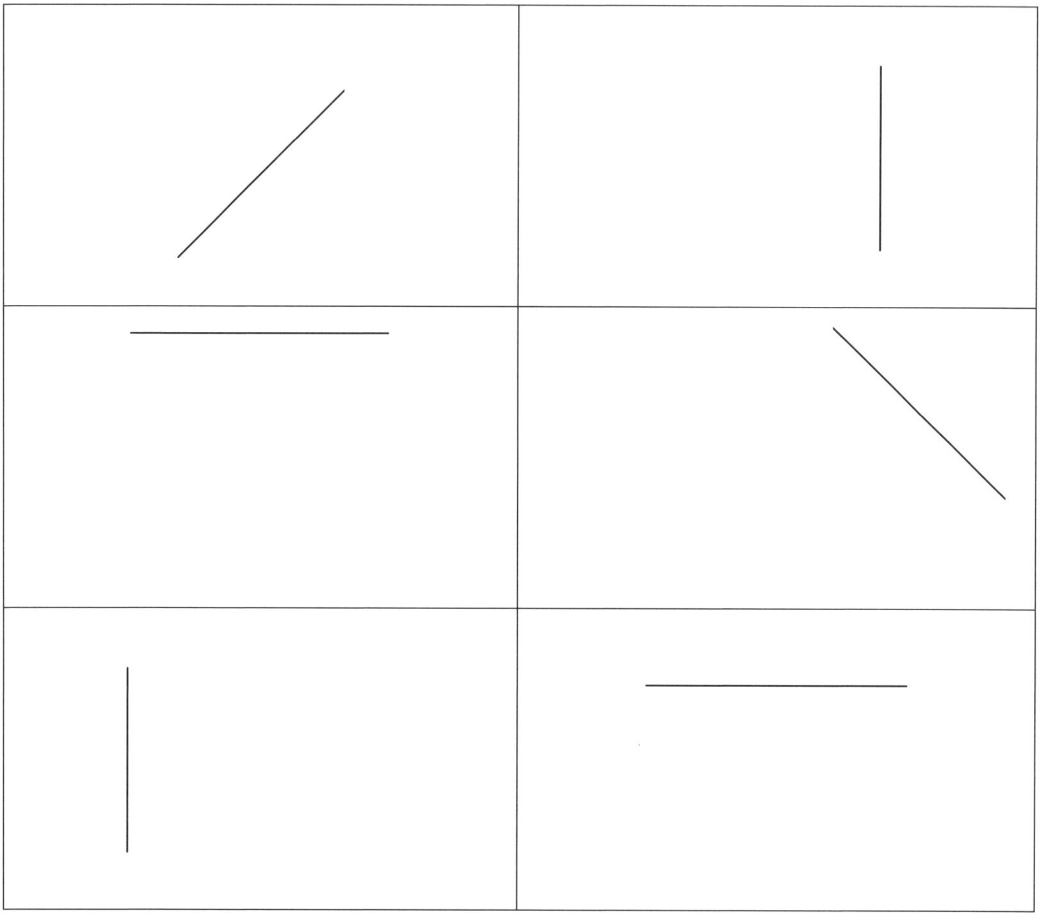

4. Termine la phrase suivante.

Si j'ai quatre côtés, j'ai aussi quatre ....

5. Coche les propositions qui sont correctes pour le quadrilatère quelconque.

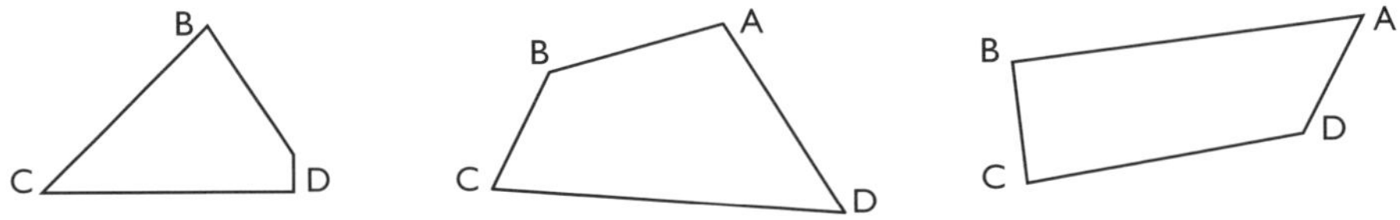

- o J'ai quatre côtés, quatre angles.
- o J'ai une paire de côtés parallèles.
- o J'ai deux paires de côtés parallèles (côtés parallèles deux à deux).
- o J'ai quatre angles droits.
- o J'ai une paire de côtés isométriques.
- o J'ai deux paires de côtés isométriques (côtés égaux deux à deux).
- o J'ai quatre côtés isométriques.

6. Colorie les quadrilatères quelconques parmi ces figures.

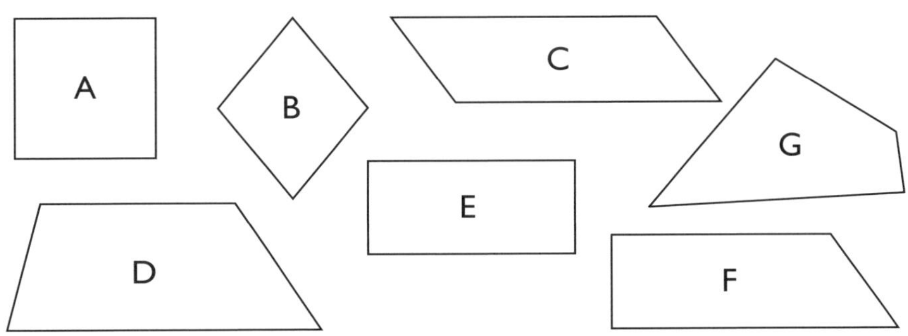

7. Termine ces quadrilatères quelconques.

8. Coche les propositions qui sont correctes pour le trapèze.

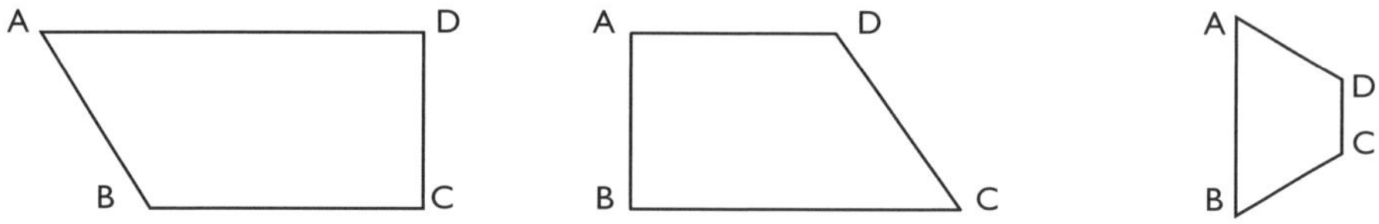

- o J'ai quatre côtés, quatre angles.
- o J'ai une paire de côtés parallèles.
- o J'ai deux paires de côtés parallèles (côtés parallèles deux à deux).
- o J'ai quatre angles droits.
- o J'ai une paire de côtés isométriques.
- o J'ai deux paires de côtés isométriques (côtés égaux deux à deux).
- o J'ai quatre côtés isométriques.

9. Colorie les trapèzes parmi ces figures.

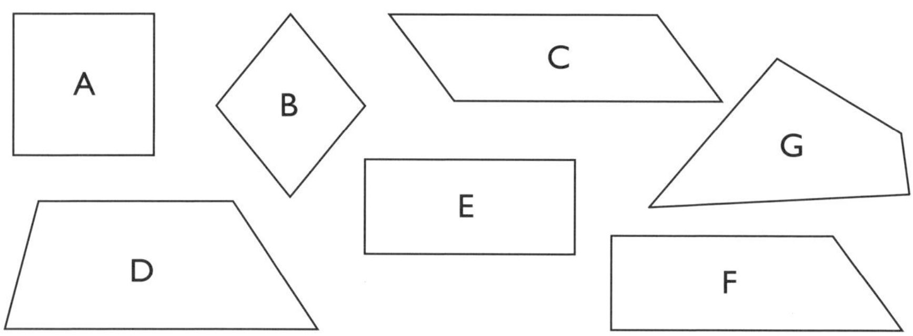

10. Termine ces trapèzes.

11. Coche les propositions qui sont correctes pour le parallélogramme.

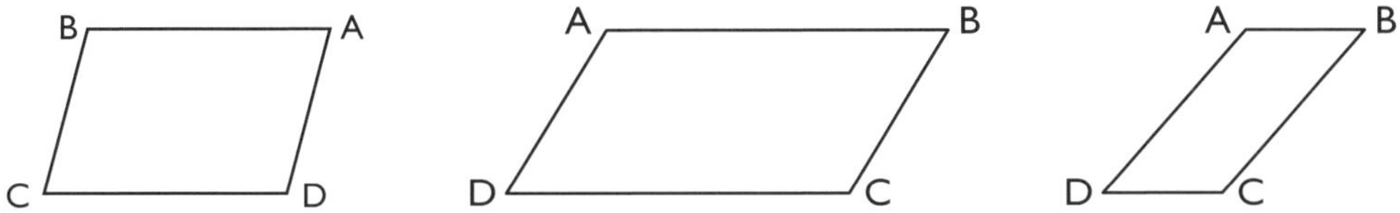

- o J'ai quatre côtés, quatre angles.
- o J'ai une paire de côtés parallèles.
- o J'ai deux paires de côtés parallèles (côtés parallèles deux à deux).
- o J'ai quatre angles droits.
- o J'ai une paire de côtés isométriques.
- o J'ai deux paires de côtés isométriques (côtés égaux deux à deux).
- o J'ai quatre côtés isométriques.

12. Colorie les parallélogrammes parmi ces figures.

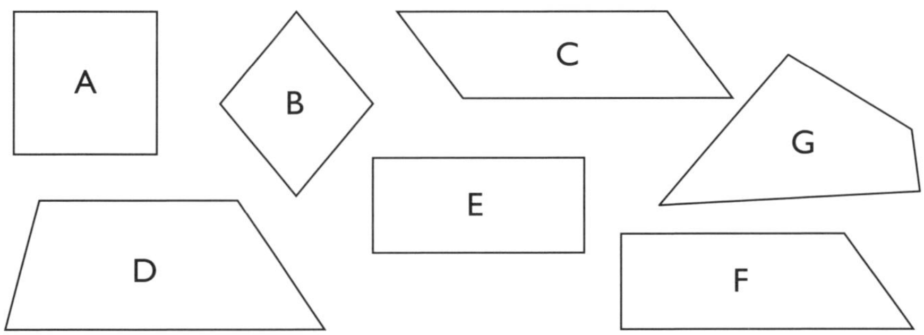

13. Termine ces parallélogrammes.

14. Coche les propositions qui sont correctes pour le rectangle.

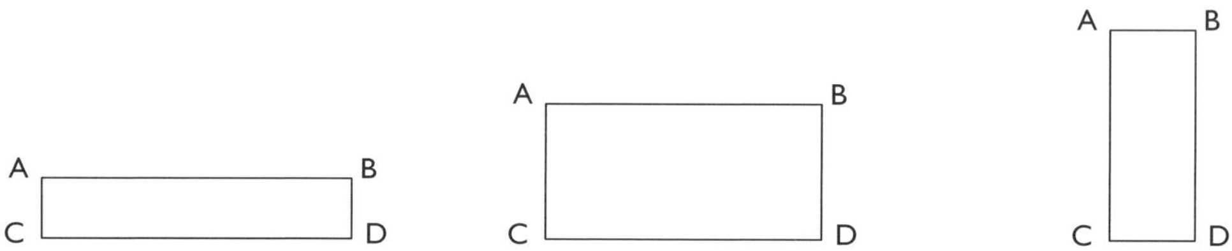

- o J'ai quatre côtés, quatre angles.
- o J'ai une paire de côtés parallèles.
- o J'ai deux paires de côtés parallèles (côtés parallèles deux à deux).
- o J'ai quatre angles droits.
- o J'ai une paire de côtés isométriques.
- o J'ai deux paires de côtés isométriques (côtés égaux deux à deux).
- o J'ai quatre côtés isométriques.

15. Colorie les rectangles parmi ces figures.

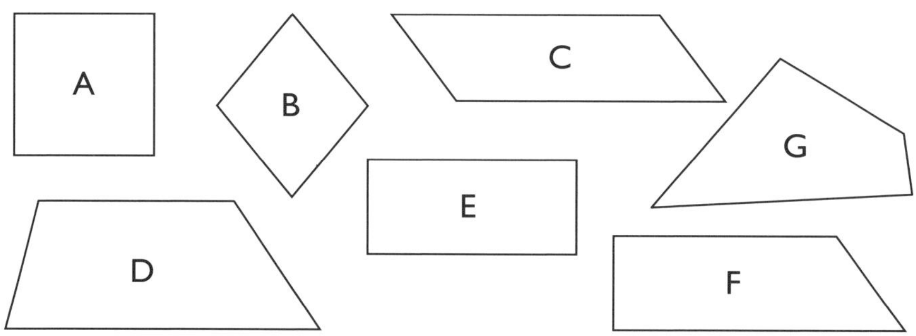

16. Termine ces rectangles.

17. Coche les propositions qui sont correctes pour le losange.

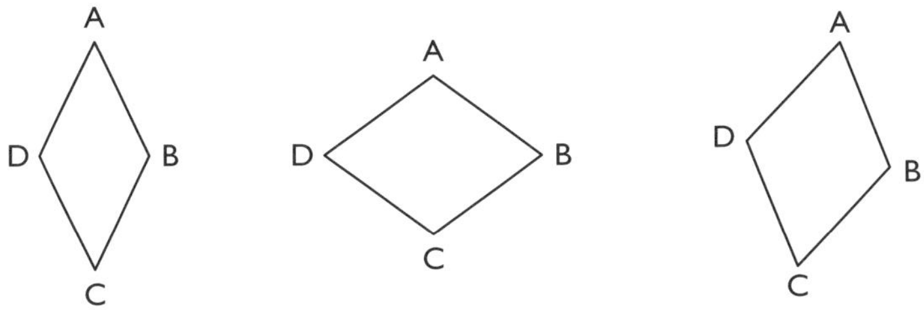

- o J'ai quatre côtés, quatre angles.
- o J'ai une paire de côtés parallèles.
- o J'ai deux paires de côtés parallèles (côtés parallèles deux à deux).
- o J'ai quatre angles droits.
- o J'ai une paire de côtés isométriques.
- o J'ai deux paires de côtés isométriques (côtés égaux deux à deux).
- o J'ai quatre côtés isométriques.

18. Colorie les losanges parmi ces figures.

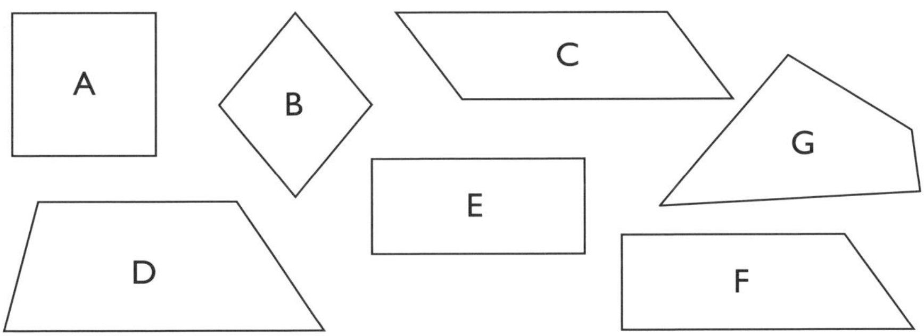

19. Termine ces losanges.

20. Coche les propositions qui sont correctes pour le carré.

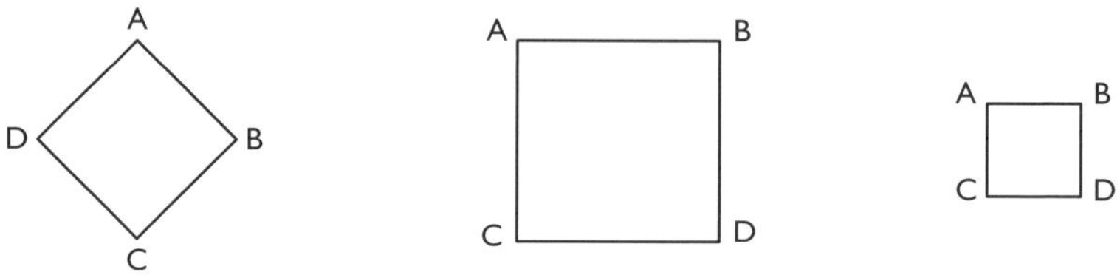

- o J'ai quatre côtés, quatre angles.
- o J'ai une paire de côtés parallèles.
- o J'ai deux paires de côtés parallèles (côtés parallèles deux à deux).
- o J'ai quatre angles droits.
- o J'ai une paire de côtés isométriques.
- o J'ai deux paires de côtés isométriques (côtés égaux deux à deux).
- o J'ai quatre côtés isométriques.

21. Colorie les carrés parmi ces figures.

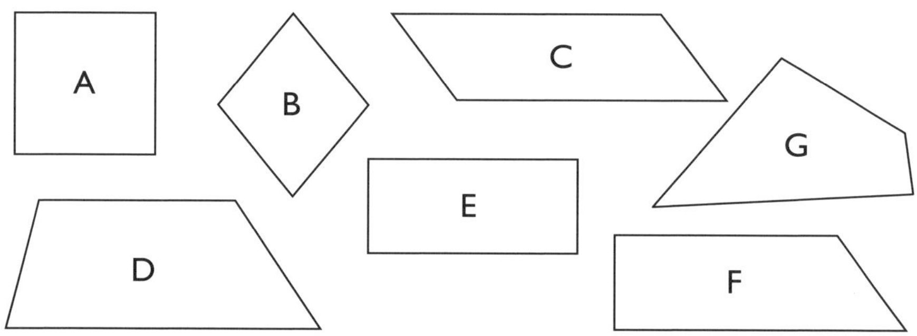

22. Termine ces carrés.

1. Complète chaque phrase par le nom d'un quadrilatère.

- J'étais un quadrilatère quelconque. On m'a offert deux côtés opposés parallèles et je devenu le ....
- J'étais le parallélogramme. On m'a offert quatre angles droits et je suis devenu le ....
- J'étais le losange. On m'a offert quatre angles droits et je suis devenu le ....
- J'étais le trapèze. On m'a offert une paire de côtés parallèles et je suis devenu le ....
- J'étais le carré. On m'a enlevé mes angles droits et je suis devenu le ....
- J'étais le rectangle. On m'a enlevé mes quatre angles droits et je suis devenu le ....
- J'étais le parallélogramme. On m'a offert quatre côtés égaux et je suis devenu le ....
- J'étais le losange. On m'a enlevé mes quatre côtés égaux et je suis devenu le ....
- J'étais le trapèze. On m'a enlevé une paire de côtés parallèles et je suis devenu le ....

2. Invente une devinette qui correspond à la transformation de ces deux quadrilatères.

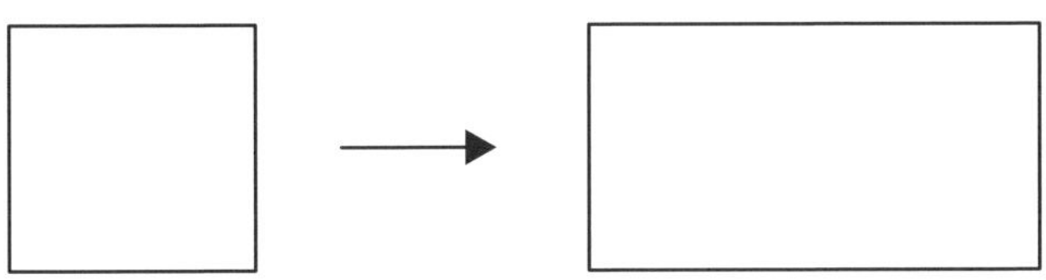

....

....

3. Découpe les étiquettes à la page 47 de ton cahier. Colle-les pour compléter l'arbre des quadrilatères.

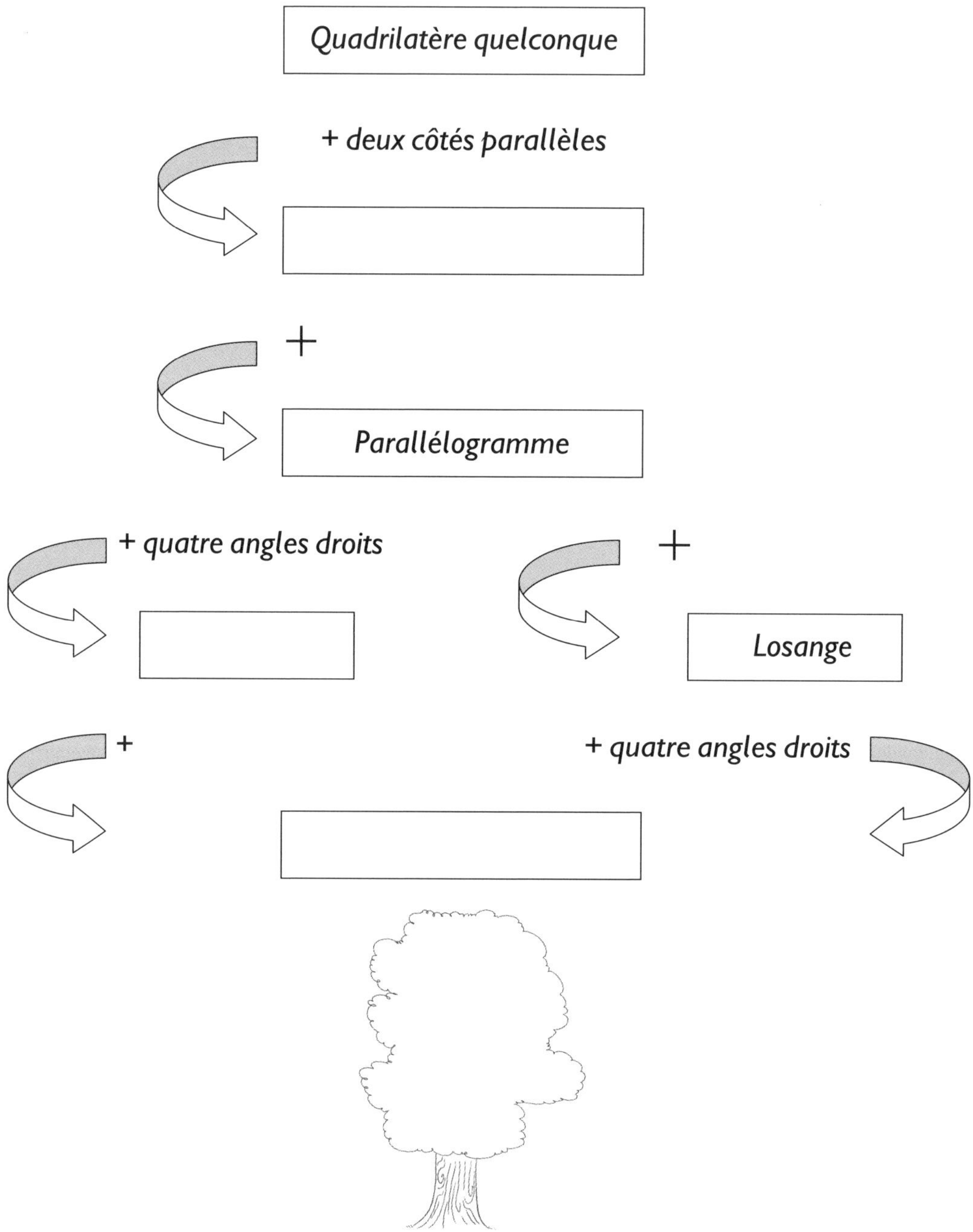

4. Observe bien l'arbre de la page précédente. Réponds par *vrai* ou *faux* aux affirmations suivantes.

- Le parallélogramme est un quadrilatère. ……………………
- Le rectangle est un parallélogramme. ……………………
- Le losange est un trapèze. ……………………
- Le rectangle est un carré. ……………………
- Le carré est un rectangle. ……………………
- Le parallélogramme est un trapèze. ……………………
- Le carré est un trapèze. ……………………

5. Transforme ces quadrilatères en traçant un seul trait. Colorie ensuite le quadrilatère ainsi obtenu.

Exemple :

Un parallélogramme → *Ce parallélogramme est transformé en trapèze.*

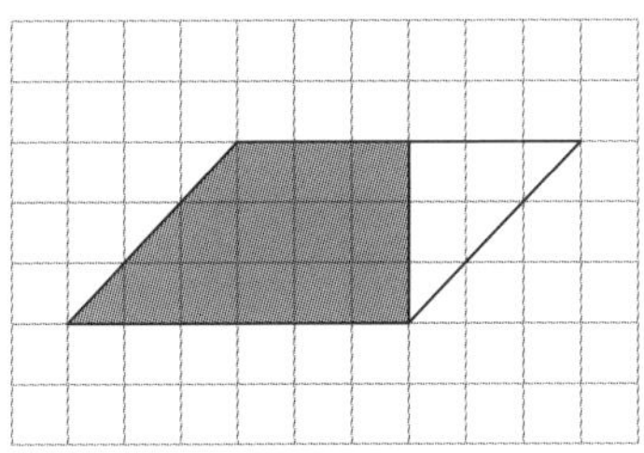

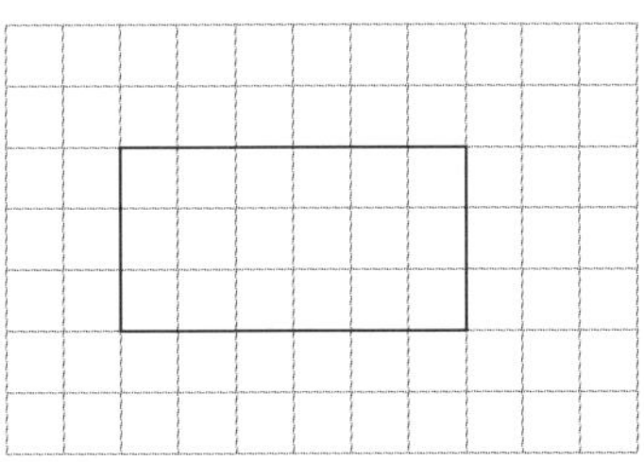

→ Transforme ce rectangle en deux carrés.

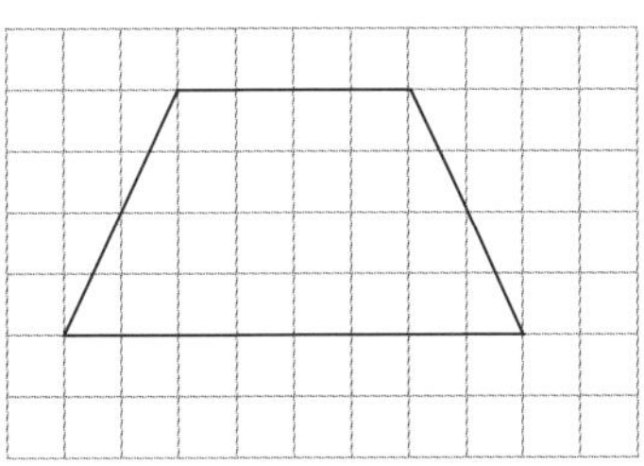

→ Transforme ce trapèze en parallélogramme.

1. Complète les définitions suivantes.

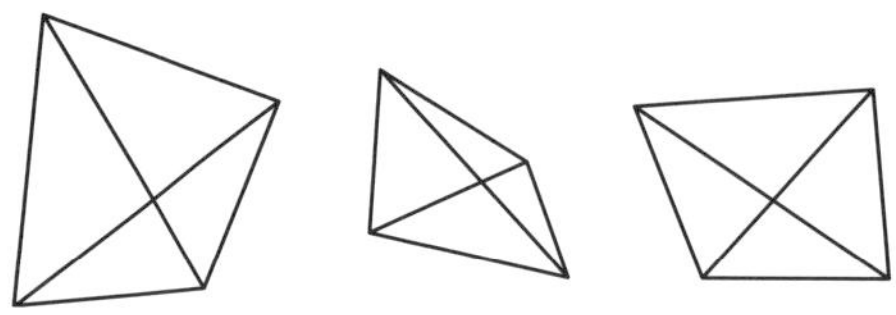

Les diagonales des quadrilatères sont les segments qui relient ……………………………………
……………………………………………………………
…………………………………………………………… .

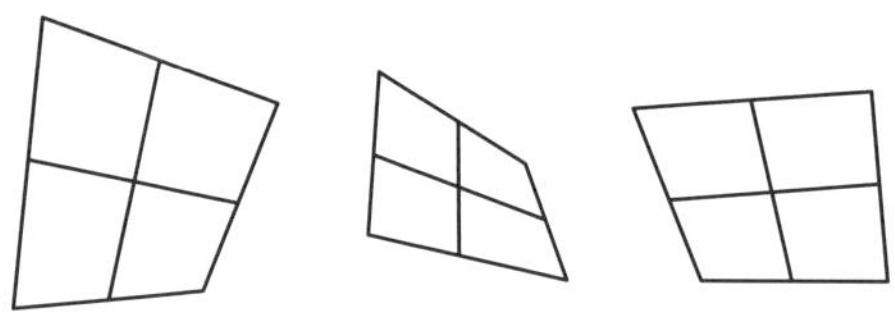

Les médianes des quadrilatères sont les segments qui relient ……………………………………
……………………………………………………………
…………………………………………………………… .

2. Voici des quadrilatères. Observe-les et réalise les consignes.

- Dans le quadrilatère *A*, trace les diagonales.
- Dans le quadrilatère *B*, colorie les côtés parallèles.
- Dans le quadrilatère *C*, trace les diagonales et colorie une paire de côtés parallèles.
- Dans le quadrilatère *D*, colorie les angles droits et trace les médianes.
- Dans le quadrilatère *E*, trace les diagonales et colorie les angles droits qu'elles forment.
- Dans le quadrilatère *F*, trace les médianes.

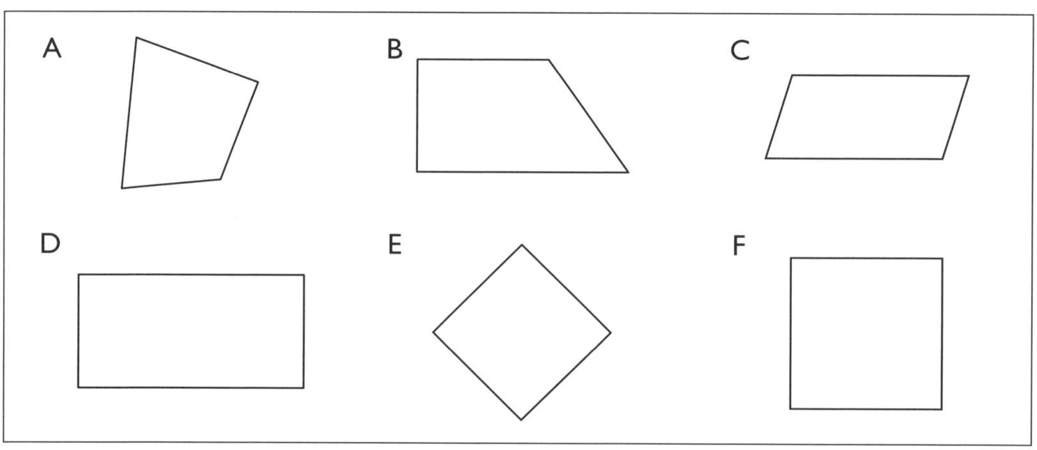

1. Trace les quadrilatères qui te sont demandés.

a) un carré de 4 cm de côté

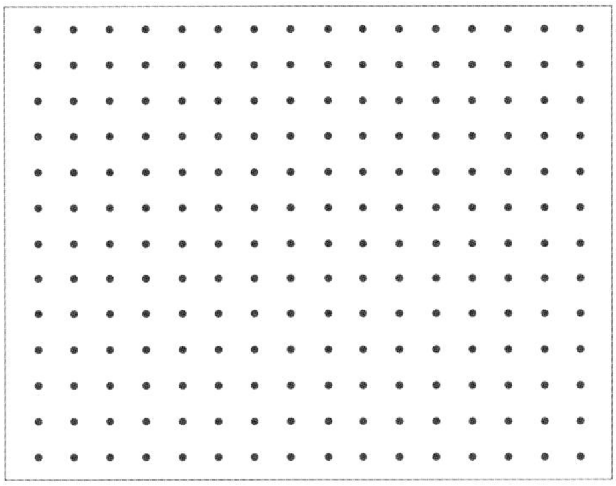

b) un rectangle (longueur 3,5 cm et largeur 2 cm)

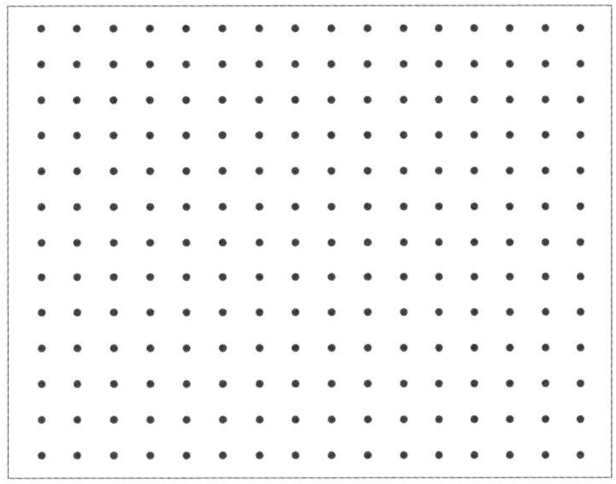

c) un trapèze de ton choix

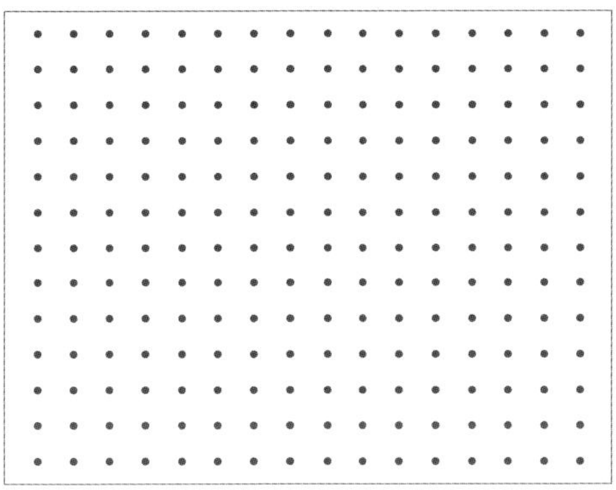

d) les diagonales (6 cm, 2 cm) d'un losange pour le tracer

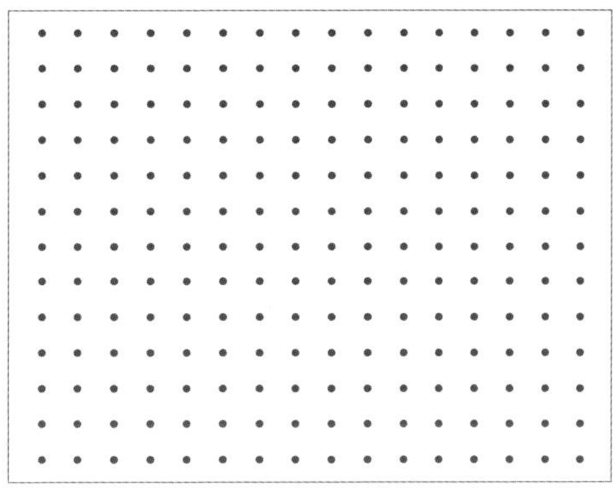

2. Dans cette grille, colorie :

- **un parallélogramme en vert,**
- **un trapèze en rouge,**
- **un losange en bleu.**

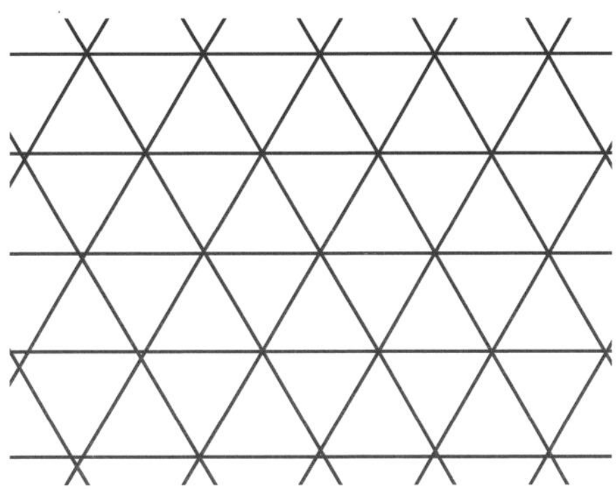

Corrigé

Page 4

1. Marine – Tao – Gloria – Émilie – Moïse

2.

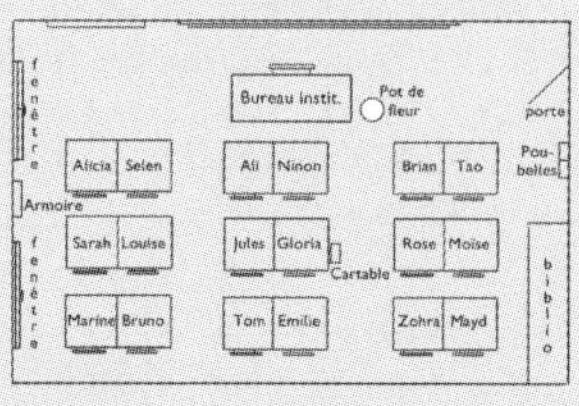

Page 5

3.

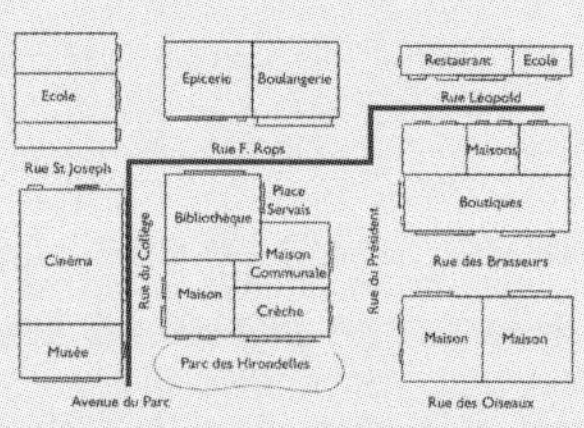

4. Léopold – gauche – droite – gauche – Collège

Page 6

5.
a) Sinan – **b)** Eden – **c)** Noah – **d)** Lucie

Page 7

6. a), b) et **e)**

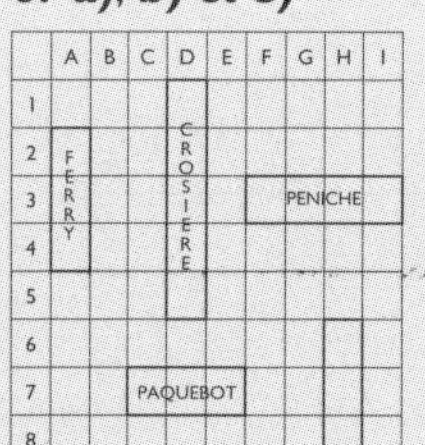

c) H6-H7-H8
d) C7-D7-E7

Page 8

7.

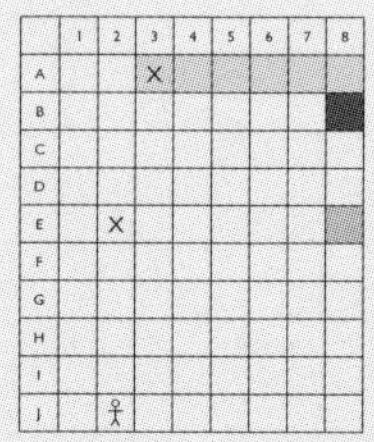

5e Phrase à compléter : Tu te trouves dans la case **E8**.

Page 9

1. trois – hauteur – place
2. a)

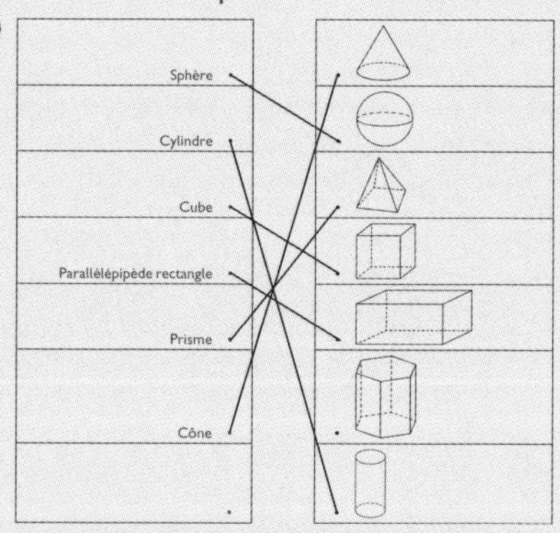

b) La **pyramide** n'est reliée à aucun dessin.

Page 10

1.

Page 11

1.

Solides	**Nombre de faces**	**Nombre d'arêtes**	**Nombre de sommets**
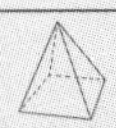	5	8	5
	6	12	8
	3	2	0
	5	9	6
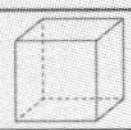	6	12	8
	2	1	1

Page 12

1. a) six faces carrées, 12 arêtes, huit sommets = un cube

b) quatre faces rectangulaires + deux faces carrées, 12 arêtes, huit sommets = un parallélépipède rectangle

Page 13

3. Tu as obtenu une pyramide.

Page 14

1. a) et **b)**
Plusieurs réponses sont possibles.
Par exemple :

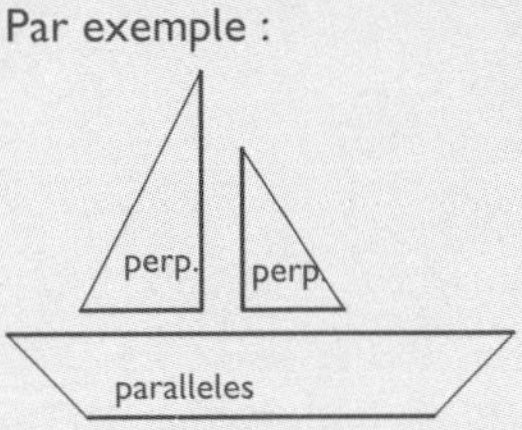

2. et **3.** Plusieurs réponses sont possibles.
4. Plusieurs réponses sont possibles.
Par exemple :

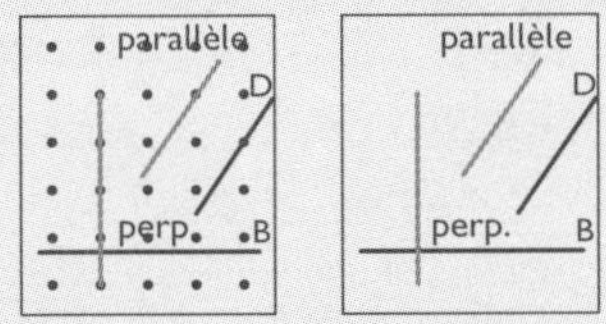

Page 15

1. b) droit – aigu – obtus
2. Plusieurs réponses sont possibles.
Par exemple :

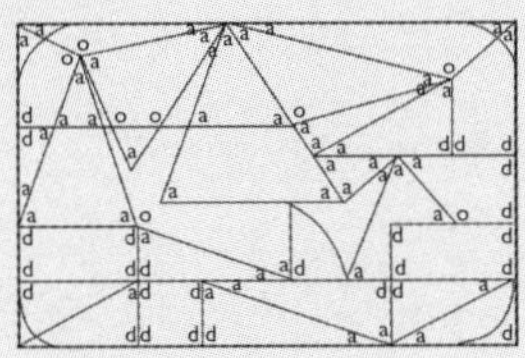

Page 16

1. Plusieurs réponses sont possibles.
Par exemple :
a), **b)** et **c)**

2. Plusieurs réponses sont possibles.
Par exemple :

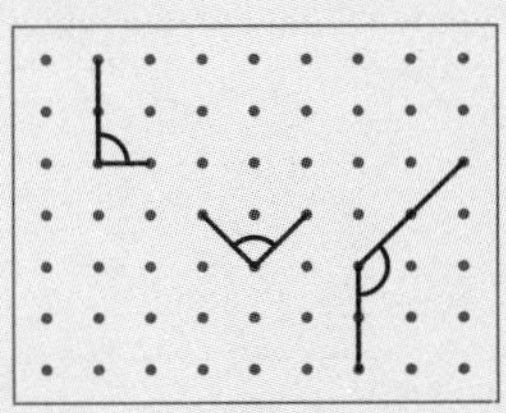

Page 17

1.
rectangle → parallélépipède rectangle
carré → prisme ou un parallélépipède rectangle ou cube ou pyramide
disque → cylindre
trapèze → prisme
triangle → pyramide

Page 18

1. figure – fermée – règle – au moins – arrondi
2.

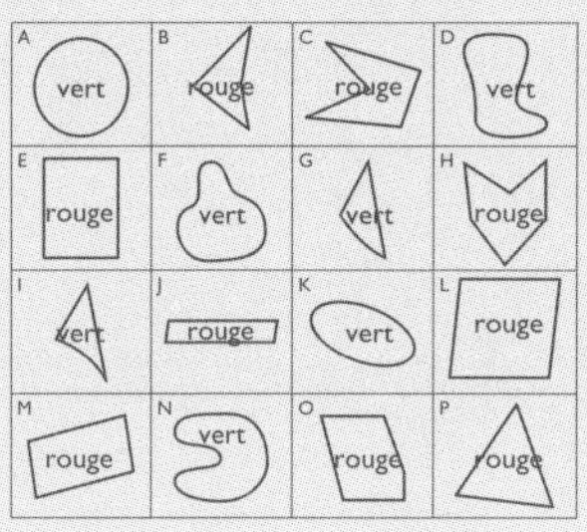

Page 19

3.

Polygones	Non-polygones

Page 20

4. Plusieurs réponses sont possibles.
Par exemple :
a) et b)

5. a)

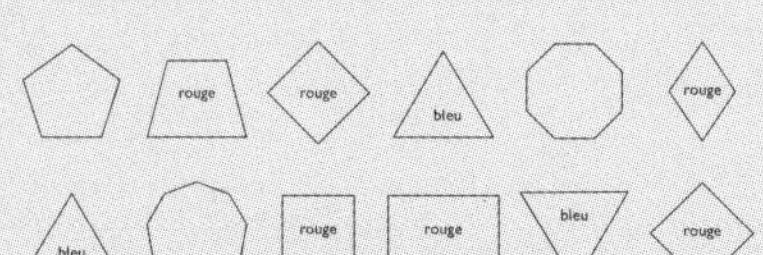

b) Les triangles ont <u>trois</u> côtés.
Les quadrilatères ont <u>quatre</u> côtés.

Page 21

a) 3 - 6
b) 1 - 2 - 4 - 5 - 7
c) 1
d) 1 - 4 - 6 - 7
e) 2 - 5
f) 3 - 6

Page 22

2. a) Ce sont tous les trois des triangles **équilatéraux** car ils ont les trois côtés de même mesure.
b) Ce sont tous les trois des triangles **obtusangles** car ils ont au moins un angle obtus.
c) Ce sont tous les trois des triangles **isocèles** car ils ont deux côtés de même mesure.

Page 23

1.

	scalène	isocèle	équilatéral
acutangle		1	
rectangle	4	2	
obtusangle	5	7	

Page 24

1. Un triangle isocèle doit avoir deux côtés de même mesure.
2. Un triangle rectangle doit avoir un angle droit.
3.

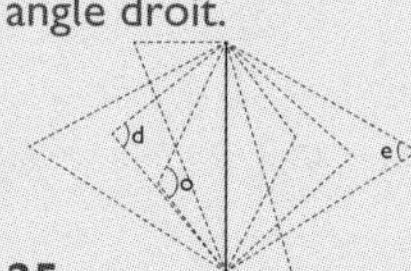

Page 25

1. a) D - équilatéral acutangle.
b) B - isocèle acutangle.
c) C - isocèle obtusangle.

2. J'ai deux côtés de même mesure et un angle droit. je suis le triangle isocèle rectangle.

Page 26

1.

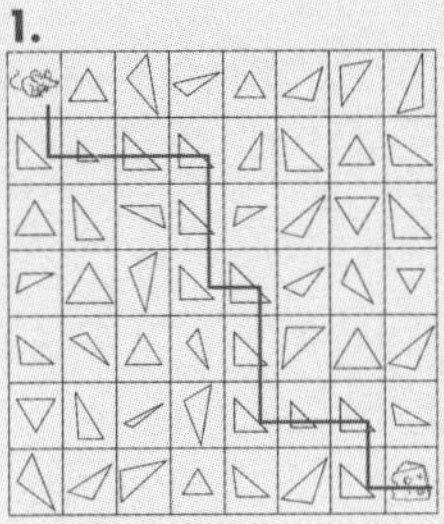

Page 27

1. Tu dois colorier les figures : 2-3-7-8-9-15-16-17.
Un quadrilatère, c'est un polygone qui a quatre côtés.

2.

Triangles	Autres
1-4-5-18	6-10-11-12-13-14

Page 28

3. Plusieurs réponses sont possibles.
Par exemple :

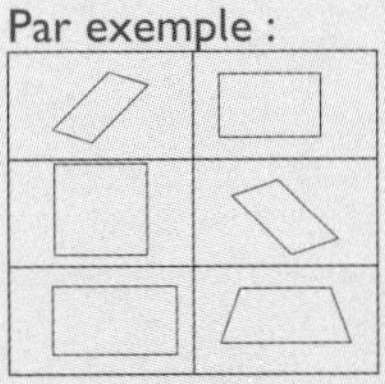

4. Si j'ai quatre côtés, j'ai aussi quatre **angles**.

Page 29

5. J'ai quatre côtés, quatre angles.

6.

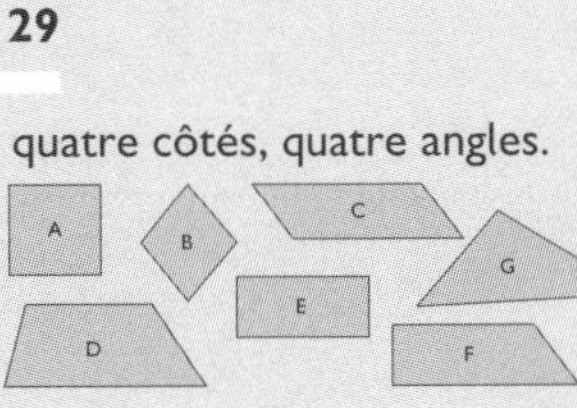

7.

Page 30

8. J'ai quatre côtés, quatre angles.
J'ai une paire de côtés parallèles.

9.

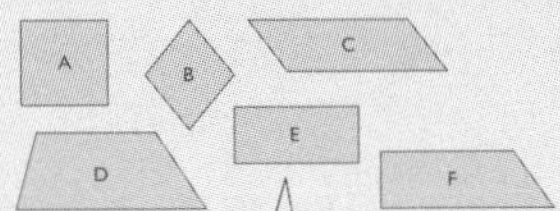

10.

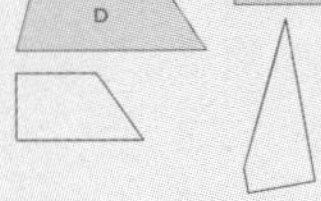

Page 31

11. J'ai quatre côtés, quatre angles.
J'ai deux paires de côtés parallèles (côtés parallèles deux à deux).
J'ai deux paires de côtés isométriques (côtés égaux deux à deux).

12.

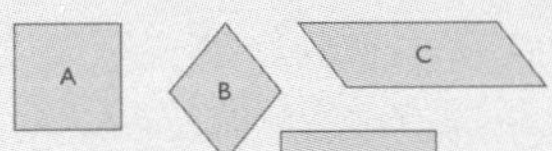

13.

Page 32

14. J'ai quatre côtés, quatre angles.
J'ai deux paires de côtés parallèles (côtés parallèles deux à deux).
J'ai quatre angles droits.
J'ai deux paires de côtés isométriques (côtés égaux deux à deux).

15.

16.

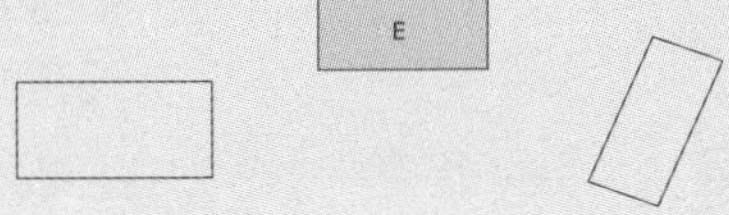

Page 33

17. J'ai quatre côtés, quatre angles.
J'ai deux paires de côtés parallèles (côtés parallèles deux à deux).
J'ai deux paires de côtés isométriques (côtés égaux deux à deux).
J'ai quatre côtés isométriques.

18.

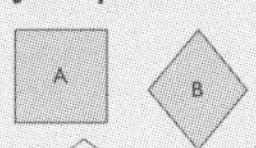

19.

Page 34

20. J'ai quatre côtés, quatre angles.
J'ai deux paires de côtés parallèles (côtés parallèles deux à deux).
J'ai quatre angles droits.
J'ai quatre côtés isométriques.

21.

22.

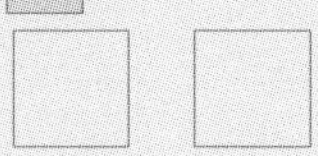

Page 35

1.
trapèze – rectangle – carré – rectangle – losange – parallélépipède rectangle – losange – parallélépipède rectangle – quadrilatère quelconque

2. J'étais le carré. On m'a enlevé mes quatre côtés égaux et je suis devenu le rectangle.

Page 36

3. *Quadrilatère quelconque*
+ deux côtés parallèles
Trapèze
+ deux côtés parallèles
Parallélogramme
+ quatre angles droits — *+ quatre côtés isométriques*
Rectangle — *Losange*
+ quatre côtés isométriques + quatre angles droits
Carré

Page 37

4. Vrai – Vrai – Vrai – Faux – Vrai – Vrai – Vrai

5. Plusieurs réponses sont possibles.
Par exemple :

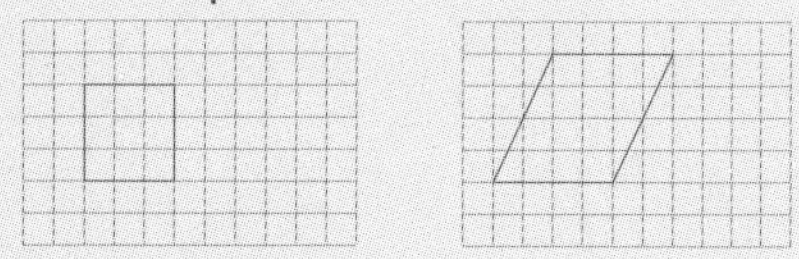

Page 38

1. Les diagonales des quadrilatères sont les segments qui relient des angles opposés.
Les médianes des quadrilatères sont les segments qui relient le milieu des côtés opposés.

2.

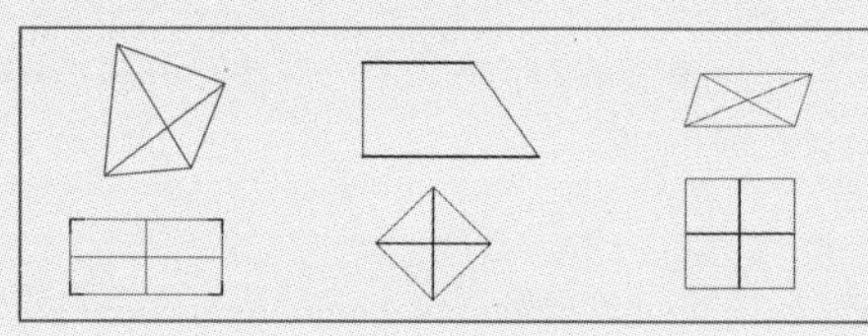

Page 39

1.

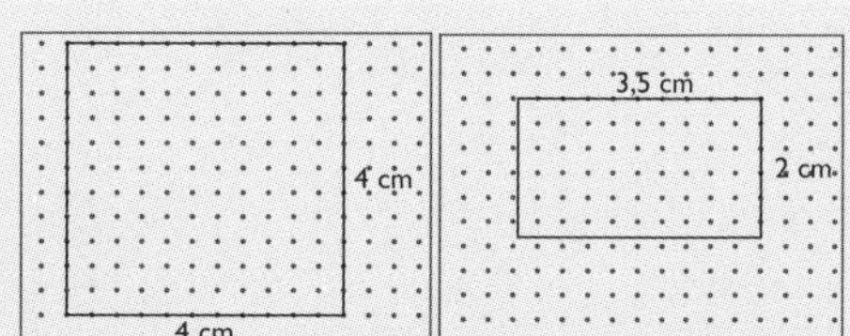

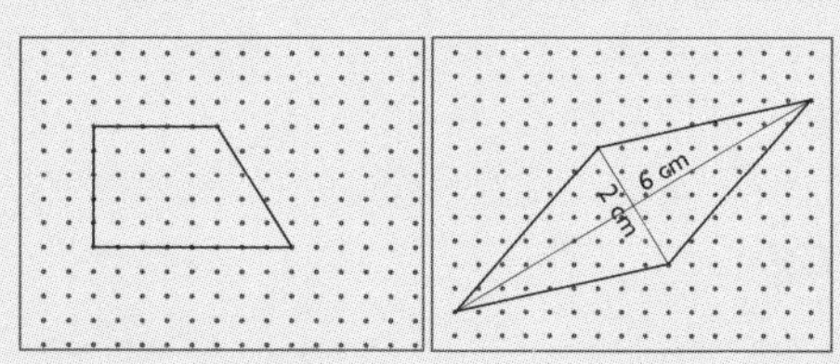

2. Plusieurs réponses sont possibles.

Matériel pour la page 4 : illustrations

Matériel pour la page 13 : quadrillage

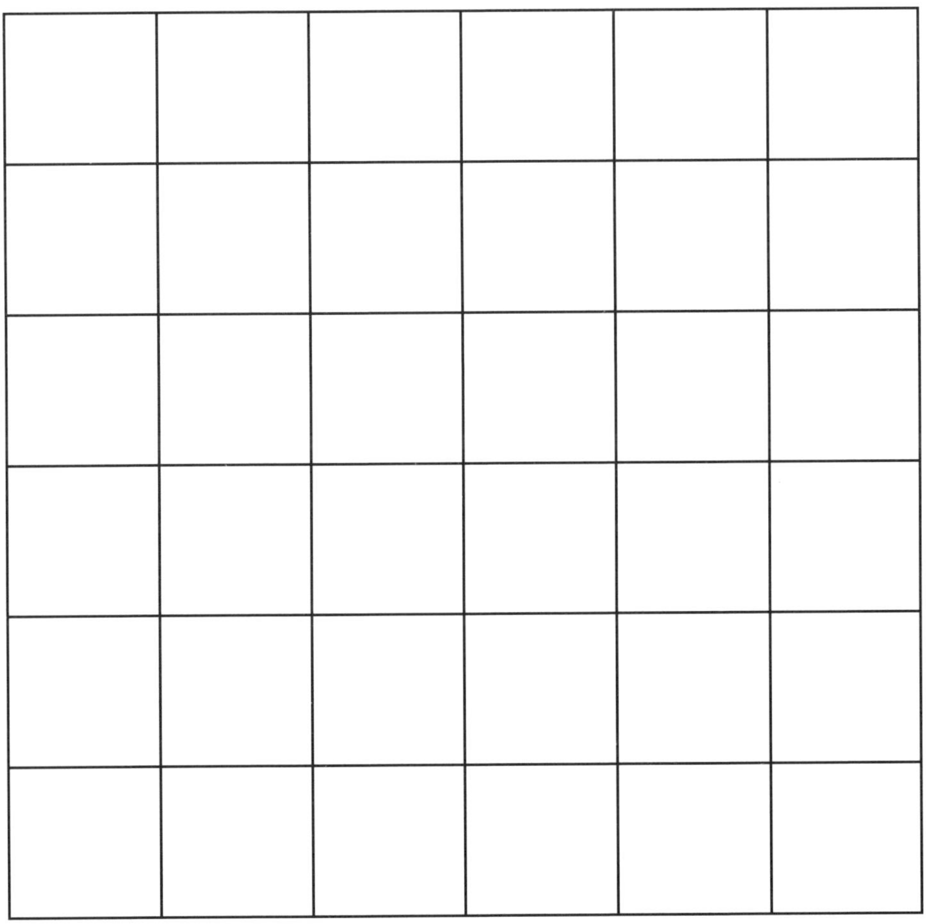

Matériel pour la page 19 : polygones et non-polygones

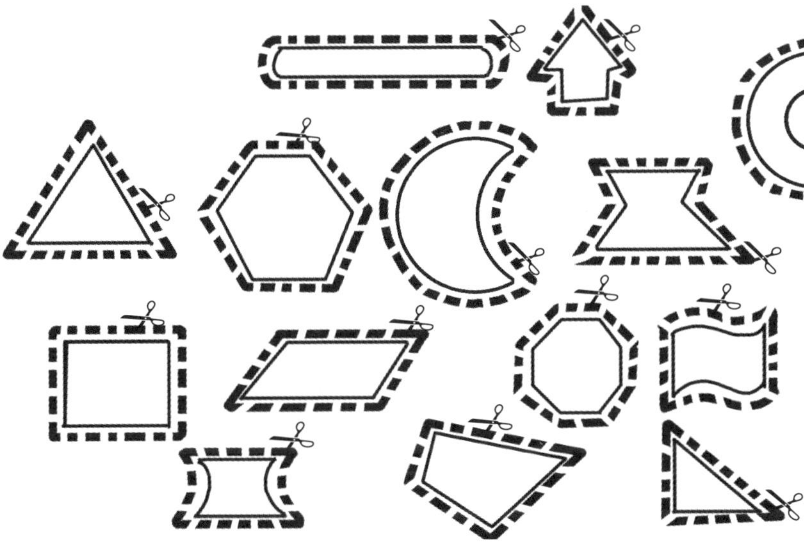

Matériel pour la page 23 : triangles

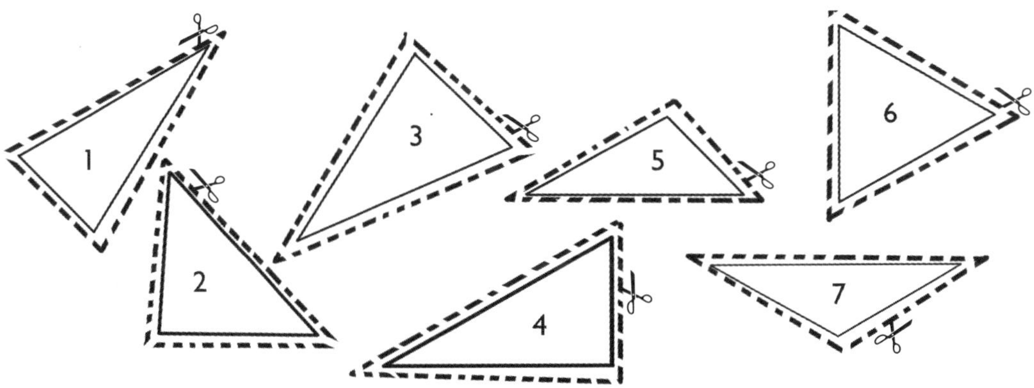

Matériel pour la page 36 : étiquettes

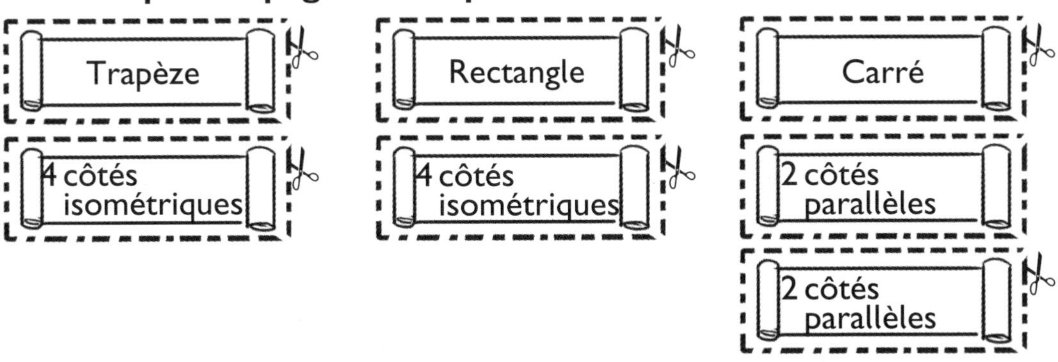